CORSO

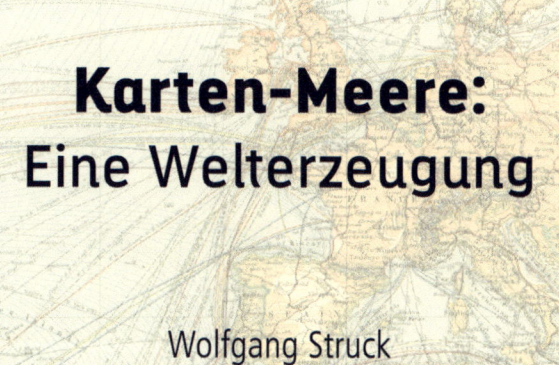

Karten-Meere:
Eine Welterzeugung

Wolfgang Struck

Iris Schröder

Felix Schürmann

Elena Stirtz

CORSO

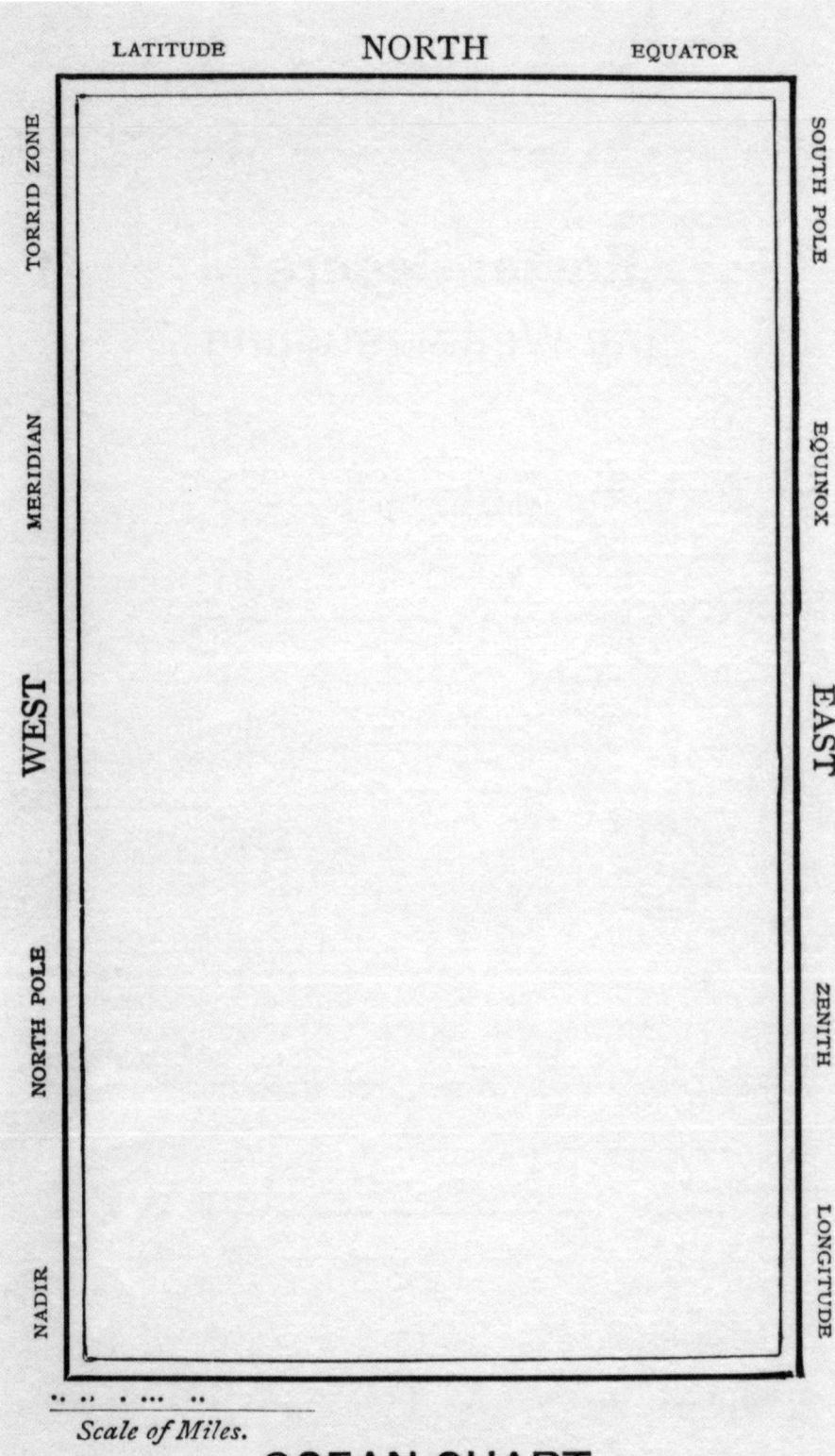

OCEAN-CHART.

EINLEITUNG

Wolfgang Struck

»He does smile his face into more lines than is in
the new map with the augmentation of the Indies.«
(William Shakespeare, *Twelfth Night*, Act III, Scene 2)

Auf acht Blättern präsentiert *Hermann Berghaus' Chart of the World on Mercators Projection* des Gothaer Perthes Verlags (hier die 6. Auflage von 1871) die Welt (S. 91–94).

Wer im Jahr 1868 mit fahrplanmäßig verkehrenden Eisenbahnen und Dampfschiffen einmal um die Erde reisen wollte, musste 104 Tage veranschlagen. Zwei Routen standen zur Wahl: Die eine führt von Europa nach Osten bis Australien, dann über den Pazifischen Ozean zur Landenge von Panama und weiter nach Europa, die andere über Hongkong, Japan und San Francisco, um dann ebenfalls in Panama zum Atlantischen Ozean überzusetzen. Nicht nur die Fahrtzeit ist in beiden Fällen die gleiche, auch im »Passagiergeld« unterscheiden sich die Alternativen kaum: 1.746 Thaler fallen für die eine, 1.787 Thaler für die andere Route in der ersten Klasse an (das ist etwa das Doppelte dessen, was ein Gymnasiallehrer im Jahr verdient, und das Zehnfache der jährlichen Lebenshaltungskosten eines fünfköpfigen Arbeiterhaushalts).

Diese Rechnung präsentiert August Petermann, Herausgeber der »Mittheilungen aus Justus Perthes' Geographischer Anstalt«, im Juni 1868 seinen Leserinnen und Lesern, um mit der Prognose zu schließen, dass schon bald, mit Vollendung der transkontinentalen Eisenbahn durch Nordamerika, »die möglichst rasche Fahrt um die Erde nur 80 Tage beanspruchen wird«.[1] Fünf Jahre später wird Jules Verne seinen Romanhelden Phileas Fogg auf genau dieser Route, in genau dieser Zeit »In achtzig Tagen um die Welt« reisen lassen.

Die zweite Hälfte des 19. Jahrhunderts ist die Hochzeit von Reisen auf Weltkarten und durch Kursbücher – auch wenn aufgrund des »Passagiergeldes« solche Reisen für die allermeisten Menschen in Europa reine Fiktion bleiben mussten. Die Hauptrolle spielt dabei das Meer. In der Ära der Dampfschifffahrt lagen die Ozeane, um noch einmal Petermanns »Mittheilungen« zu Wort kommen zu lassen, »nicht mehr vor uns als Völker scheidendes Element, sondern als bunt belebte Weltbrücke gegenseitigen Verkehrs, als Träger der Civilisation von einer Zone

1 August Petermann: *Die künftige Hauptverkehrslinie um die Erde,* in: Mittheilungen aus Justus Perthes' Geographischer Anstalt über wichtige neue Erforschungen auf dem Gesammtgebiete der Geographie, Bd. 14 1868, S. 232.

Während frühere Auflagen der *Chart of the World* Europa ins Zentrum gestellt hatten, rückt 1871 die Mittellinie nach Amerika. So wird der Pazifik nicht mehr auseinandergerissen, und Amerika scheint hn mit dem Atlantik zu verbinden. Nebenkarten zeigen die Häfen von San Francisco und New York, die Hauptkarte die Eisenbahn, die sie seit zwei Jahren verband.

2 Emil von Sydow: *Der kartographische Standpunkt Europa's in den Jahren 1862 und 1863*, in: Mittheilungen aus Justus Perthes' Geographischer Anstalt über wichtige neue Erforschungen auf dem Gesammtgebiete der Geographie, Bd. 9 1863, S. 458–482; hier S. 482.

in die andere; unser Blick verfolgt den Lauf der dampfenden Wasserstrassen zur Verschürzung in einzelnen von der Natur gestempelten Verkehrsmittelpunkten und überfliegt mit Bewunderung jene elektrischen Bahnen, auf denen der Gedanke von einem Ende der Erde zum anderen eilt«.[2]

Der Erdkundler Emil von Sydow beschreibt in diesen Worten eine Karte, die dem »Ocean« den ersten Rang einräumt: Hermann Berghaus' »Chart of the World on Mercators Projection«, ebenfalls ein Produkt des Gothaer Perthes Verlags (S. 92/93). Hier tritt vor Augen, wie Dampfschifffahrtslinien und Telegraphenkabel die Erde in ein Netz aus Personen-, Waren- und Kommunikationsströmen einspinnen. Oder, anders gesagt: Hier entsteht die Welt als Einheit, in die man sich hineinprojizieren kann, ohne die (binnenländische) Heimat verlassen zu müssen. Wer mit dem Eilzug In die nächste Provinzhauptstadt fährt und dabei in der Zeitung tagesaktuelle Nachrichten aus fernen Kontinenten liest, bewegt sich in einem Netz, das die Welt nicht nur umspannt, sondern das etwa ab der Mitte des 19. Jahrhunderts definiert, was überhaupt »Welt« ist.

Diese Welt ist ein Ort, an dem sich Wirklichkeit und Fiktion verschlingen. So zeigen Karten nicht nur, was da ist; sie zeigen es auf eine Weise, wie es nirgendwo anders gesehen werden kann. Nur auf einer Karte ist es möglich, die ganze Welt auf einen Blick zu übersehen (während der Blick auf einen Globus immer nur eine Hälfte erfasst, und davon den größten Teil deutlich stärker verzerrt als in einer Mercator-Projektion). Auch könnte kein noch so passionierter Reisender jemals alle Orte besuchen, kein Schiff alle Häfen ansteuern, die ein Atlas

WESTEND of the first EASTEND
ATLANTIC TELEGRAPH CABLES

Scale 1:15,000,000

Scale 1:15,000,000

MEDITERRANEAN SEA

LOWER EGYPT
Scale 1:5,000,000

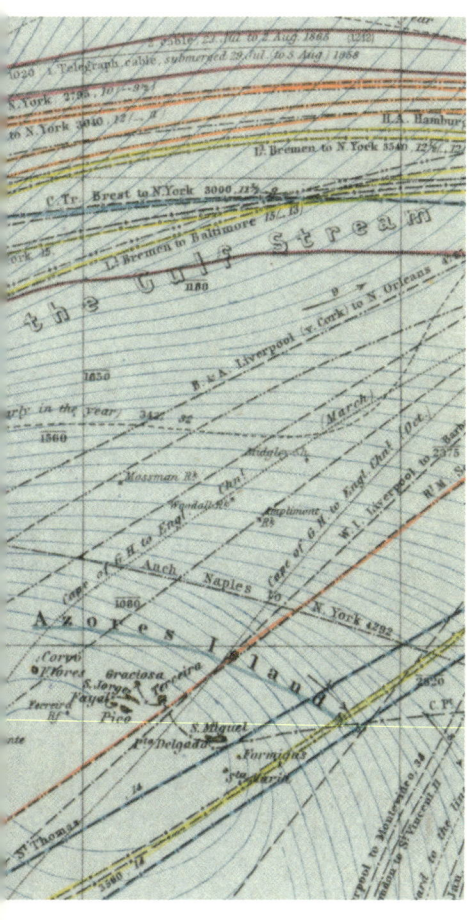

Linienverkehr unter
Dampf, Segelrouten in den
verschiedenen Jahreszeiten,
Telegraphenkabel,
Meeresströmungen,
Windrichtungen: Auf
der *Chart of the World*
vereinigen sich Technik
und Natur zu Bündeln von
Linien, die die Ozeane
überwinden, die Kontinente
umströmen, die Metropolen
zusammenbinden und neue
Relaispunkte entstehen
lassen.

verzeichnet. Karten eröffnen Möglichkeitsräume, die immer mehr beinhalten, als das, was realisiert werden kann. Das gilt selbst für den praktischsten Typ von Karten, die Seekarten, die ja nicht nur dazu dienen, den eigenen Standort zu bestimmen, sondern auch einen zukünftigen Kurs zu planen oder ganz neue Routen zu konzipieren, also den Blick in eine Zukunft zu werfen, die immer auch anders werden könnte. Demgegenüber erscheinen Reiseerzählungen, selbst wenn sie noch so phantastisch sind, konkreter, da sie die Fülle der Möglichkeiten letztlich auf einen Weg reduzieren. Ob real oder fiktiv, stellt sich für die einzelne Reise die Frage der Realisierbarkeit sehr viel drastischer als beim Blick oder bei der Fingerreise über ein Kartenblatt. So streiten Karte und Erzählung darum, wo die Welt wirklicher, wo sie phantastischer erscheint.

Bereits der erste Weltumsegler, Fernão de Magalhães, war ein ebenso genialer Fingerreisender wie Navigator. Entdeckt hat er die Durchfahrt zwischen Feuerland und dem amerikanischen Kontinent, die heute seinen Namen trägt, in einem portugiesischen Archiv. Andere Seefahrer vor ihm hatten aus Strömungen an der südamerikanischen Ostküste auf eine Verbindung zu einem Meer im Westen geschlossen, und der Nürnberger Kartograph in portugiesischen Diensten Martin Behaim hatte das, was noch kein europäischer Seefahrer befahren hatte, einer Weltkarte eingezeichnet. Dort hat Magellan »seine« Straße entdeckt, und mit dieser in Portugal gemachten Entdeckung konnte er seine spanischen Geldgeber überzeugen, eine Reise um die Welt zu finanzieren, die vor allem das portugiesische Monopol auf dem Weg zu den Gewürzinseln Südostasiens brechen sollte. Was auf der Karte so einfach erschien, erwies sich in der Wirklichkeit jedoch als mörderisches Unternehmen. Von fünf Schiffen gelang nur einem die Reise um die Welt, von über 240 Seefahrern

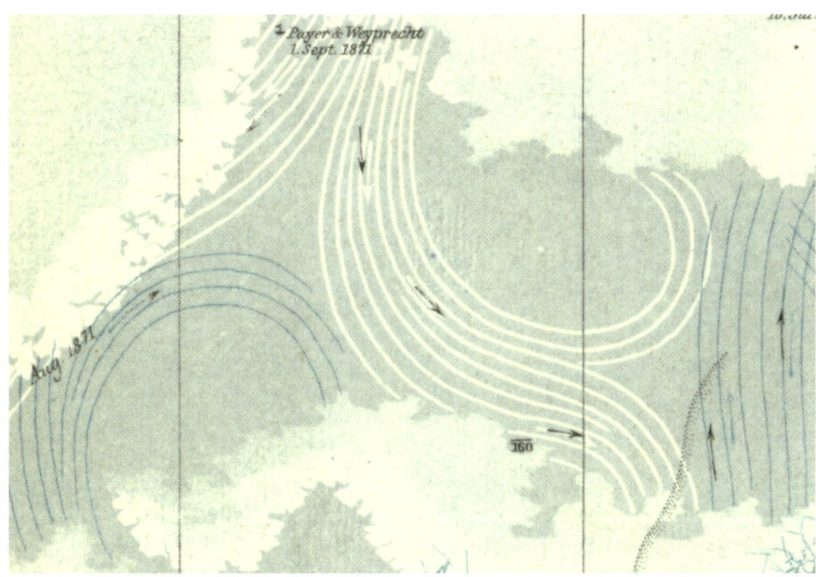

Bis hierher und nicht weiter! Packeisgrenzen, Eisdrift, und eine Forschungsreise weitab der Routen des Weltverkehrs: »Peyer & Weyprecht, 1. Sept. 1871«. Christoph Ransmayr hat den österreichisch-ungarischen Polarfahrern ein Denkmal gesetzt: »So treiben sie von nun an dahin auf ihrer Scholle, einer Eisinsel, die kleiner wird und wieder wächst und deren hölzernes Herz ihr Schiff ist« (S. 82).

Zentralasien, die größte Landmasse der Erde, ist 1871 auch der verkehrstechnisch am wenigsten erschlossene Raum. »Zwanzig Meilen Wüste scheiden die Menschen mehr, als fünfhundert Meilen Ocean« schreibt Jules Verne (S. 143).

kehrten 35 zurück. Unter ihnen war der Chronist der Reise, Antonio Pigafetta, der in seinem Reisebericht schrieb, dass wohl niemand dieses Unternehmen je wiederholen würde.

Etwas über drei Jahrhunderte später schien das Unwiederholbare zur planbaren Routine geworden zu sein. Für die Menschen in Europa – nicht für alle natürlich, aber eben auch nicht nur für die, die sich das »Passagiergeld« leisten konnten – eröffnete sich ein Möglichkeitsraum, den sie mit Enthusiasmus explorierten. Karten, Atlanten und literarische Texte legen davon Zeugnis ab. In ihnen formulieren sich aber auch die Ängste, die bereits dieser frühe Schub der Globalisierung erzeugte. Ein weltweiter Handel erscheint auf Karten ebenso greifbar wie weltweite Migrationsströme, die Ausbreitung von Seuchen und Verbrechen, Weltreiche und Weltkriege – lange bevor all das zur Realität werden sollte. Und auch das Bewusstsein findet sich hier, dass auch ein noch so dichtes Netz Maschen hat, durch die einzelne Menschen wie ganze Landstriche hindurchrutschen und so gleichsam aus der Welt fallen können.

Anschaulich wird all das auf Karten aus dem 19. und der ersten Hälfte des 20. Jahrhunderts, die in den Archiven des Justus Perthes Verlags in Gotha, einst einer der weltweit führenden Verlage für Karten, Atlanten und geographische Literatur, und des Deutschen Schifffahrtsmuseums in Bremerhaven aufbewahrt werden. Die beiden Archive, die zwei der bedeutendsten Sammlungen von Seekarten in Europa beinhalten, spiegeln zugleich sehr unterschiedliche Gebrauchsweisen

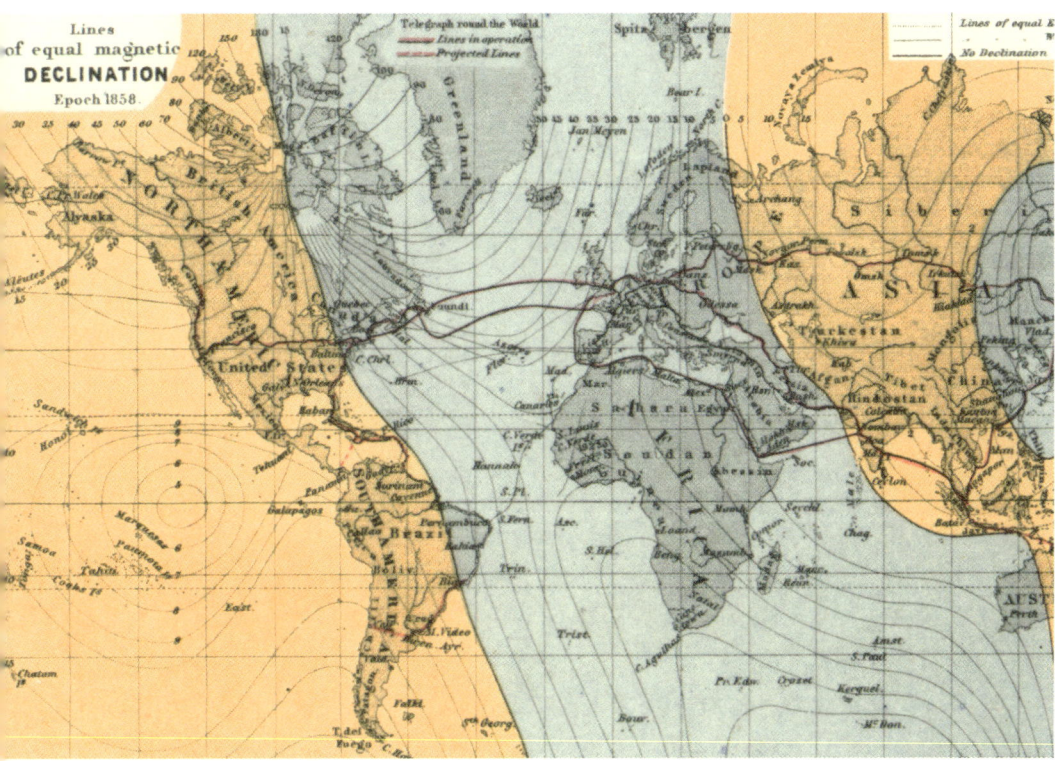

»Vom Falschen zum Wahren mit dem wahren Vorzeichen, vom Wahren zum Falschen mit dem falschen Vorzeichen«: Die *Lines of equal magnetic declination* illustrieren die Regel, nach der man aus der Missweisung der Kompassnadel den Kurs berechnet.

dieser Karten. Während in Bremerhaven viele Seekarten zu finden sind, deren Spuren auf den Gebrauch auf Schiffen oder in Navigationsschulen schließen lassen, sammelte der Perthes Verlag Seekarten vor allem, um auf der Basis der dort zu findenden Informationen andere, eher für den Gebrauch an Land bestimmte Karten zu erstellen. So entstanden Weltkarten, die sich an den Wänden von Handelskontoren und Auswandereragenturen fanden (ein herausragendes Beispiel: Hermann Berghaus' »Chart of the World«) oder in Atlanten, die zur repräsentativen Ausstattung bürgerlicher Haushalte zählten. Auf all diesen Karten, die wir in Abgrenzung zu den der Navigation dienenden Seekarten Meereskarten nennen möchten, verwandeln sich ab der Mitte des 19. Jahrhunderts die Weltmeere von weitgehend leeren, gleichförmigen Flächen in vielfältig strukturierte und geformte Räume.

Wir möchten dazu einladen, diese Karten als Dokumente einer Welterzeugung zu lesen. Dazu stellen wir ihnen eine Reihe literarischer und nichtliterarischer Texte an die Seite, die ihrerseits auf vielfältige Weisen das Experiment unternehmen, Karten zu lesen: indem sie ihre Erzählungen aus Karten hervorgehen lassen oder sie dort fortsetzen, wo die Karten enden; indem sie von den Sehnsüchten und Phantasien

Noch ohne Kanal, aber dank einer Eisenbahn bereits ein Drehkreuz des Weltverkehrs: Der Isthmus von Panama lässt Atlantik und Pazifik zusammenfließen.

berichten, die sich den Karten eingeschrieben haben oder die aus dem Blick oder der Fingerreise auf Karten entstehen können; indem sie die Zuverlässigkeit von Karten feiern oder hochtrabende Phantasien an unberechenbaren Riffs und Eisbergen scheitern lassen. So kommentieren sich Karten und Texte gegenseitig. Gemeinsam erzählen sie davon, wie sich die Welt auf dem Meer und wie sich das Meer auf Karten und in Texten zu einer Einheit formt, die zugleich kleiner und größer, homogener und heterogener erscheint als je zuvor.

In dieser Erzählung treten See- und Meereskarten als Protagonisten auf, sie können dabei aber sehr unterschiedliche Rollen spielen. Wie groß deren Spektrum ist, wollen wir in vier Kapiteln dieses Buches abstecken, die einige der wichtigsten kartographischen Operationen entfalten: suchen und finden, orientieren und ver(un)sichern, überblicken und ordnen, imaginieren und phantasieren. Die Übergänge sind fließend; in der Regel erfüllen Karten mehrere, nicht selten einander widersprechende Funktionen gleichzeitig. Sie helfen, sich im maritimen Raum zurechtzufinden und sie machen es möglich, ein Schiff auch in unvertrauten Gewässern zu seinem Ziel zu steuern. Damit sind sie nicht nur unverzichtbare Instrumente der Navigation, sondern formen auch ein Bewusstsein von der Position des Selbst in Raum und Zeit.

Westlich von Amerika sind die Routen noch spärlich. Aber der »Grosse Ocean (…) drängt sich als Schauplatz grossartiger, gewaltiger Ereignisse mehr und mehr in den Vordergrund unserer Zeit«, so August Petermann (S. 144).

Hier ist die Welt zu Ende. Aber auch wenn die *South Shetland* Inseln buchstäblich aus dem Rahmen fallen, waren sie Teil des Weltverkehrs. Ein Jahrhundert lang wurden hier Robben und Wale geschlachtet und verarbeitet: der südlichste Industriestandort der Welt.

Sie verzeichnen Gefahren und ermöglichen es Schiffseignern und Versicherungen, Risiken abzuschätzen. Sie erzählen aber auch von einem Wissen, das niemals vollständig ist, das sich immer im Fluss befindet. So bleibt, wie spektakuläre Katastrophen wie der Untergang der *Titanic* eindringlich zeigen, die Kalkulation von Risiken immer riskant. Karten setzen Räume zueinander in Beziehung. So ermöglichen sie strategische Planungen und schaffen zugleich Fluchträume für Phantasien von einem anderen Leben, von Idylle, Exotik und Abenteuer. Sie erzeugen Phantasien von Macht und Machbarkeit – sei es in Form von kleinen insularen Utopien oder weltumspannenden Kolonialreichen. Auch technische Großprojekte wie die realisierten und nichtrealisierten Kanalbauten oder die in den 1920er-Jahren von dem deutschen Architekten Hermann Soergel vorgeschlagene Trockenlegung des Mittelmeers entspringen meist dem Blick auf Karten.

Es ist eine europäische Erzählung, die wir hier entfalten. Würde man mikronesischen Stabkarten, Mythen der First Nations des amerikanisch-pazifischen Nordwestens oder Erzählungen indischer Laskaren folgen, würde man nicht nur zu anderen Geschichten gelangen, sondern zu anderen Welten – Welten, in denen das Meer weniger homogen erscheint, in denen es nicht überall von den gleichen physikalischen Gesetzen durchwaltet wird, dadurch aber keineswegs weniger gut navigierbar ist. Spuren dieses Wissens, dieser Meere finden sich auch in europäischen Archiven, aber sie mussten gleichsam ihren Aggregatzustand wechseln, um sich dem kartographischen Imperativ der westlichen Welt zu fügen. Diesen Transformationen zu folgen – das hieße, eine Geschichte der Globalisierung aus einer wirklich globalen Perspektive zu erzählen – würde weit mehr als *ein* Buch füllen. Aber auch das allein, was sich in zwei der bedeutendsten deutschen Kartensammlungen und in kleinen und großen

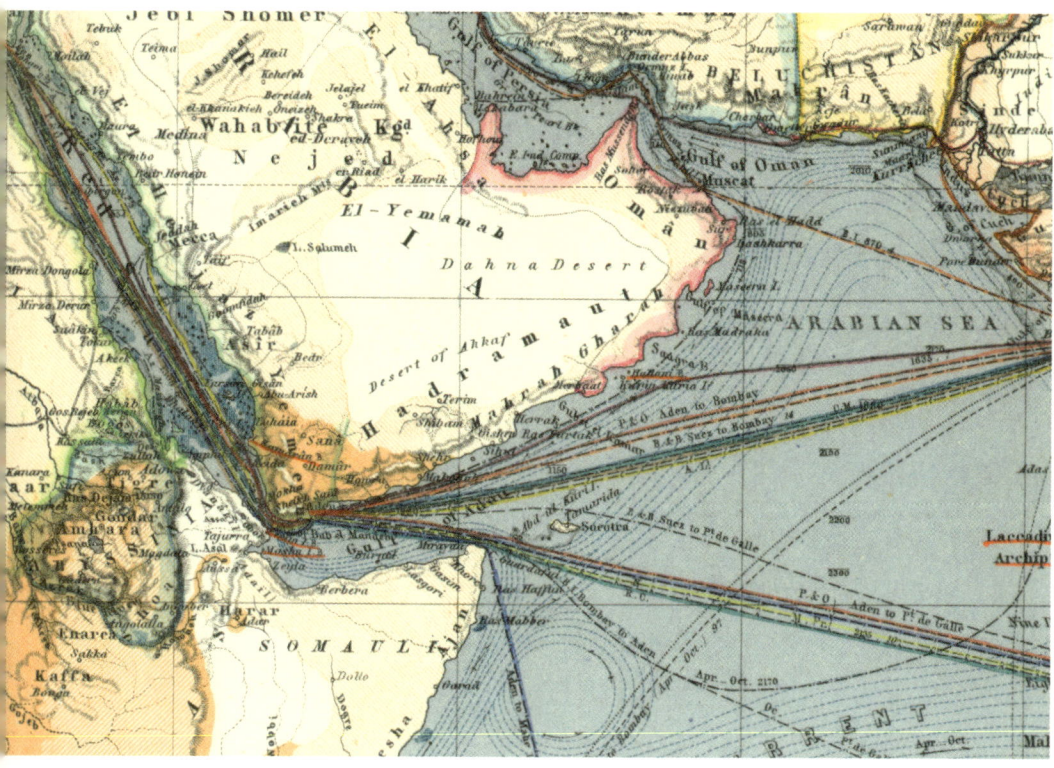

1869 eröffnet, lenkte der Suez-Kanal den Strom des Weltverkehrs ins Rote Meer. Dem Bau war eine heftige Kontroverse vorausgegangen: 30 Fuß, so hatten Kritiker behauptet, liege der Spiegel des Roten Meers über dem des Mittelmeers, in das sich beim Durchstich gewaltige Wassermassen des Indischen Ozeans ergießen würden. Und so konnte Wilhelm Raabe 1867 in seinem Roman *Abu Telfan oder die Heimkehr vom Mondgebirge* schreiben, dass sich den Erbauern die vorrangige Aufgabe stellte, »nicht nur den Kanal, sondern auch die öffentliche Meinung in das rechte Bett zu leiten«.

deutschen Bibliotheken findet, ist überraschend vielfältig und in sich widersprüchlich genug, um eine, wie wir hoffen, spannende Geschichte zu entfalten.

Dazu, dass wir diese Geschichte erzählen können, haben viele beigetragen. Unser besonderer Dank gilt den Kolleginnen und Kollegen in den Archiven in Gotha und in Bremerhaven sowie Jörg Dünne, Dominic Keyßner und Paul Skäbe.

Suchen und finden

DIE WIEDERVERZAUBERUNG DER MEERE IN IHREN KARTEN

Felix Schürmann

»Alles, was ich mir wünschte, war, auf solch einer Erde zu gehen, die keine Karten hatte.« So offenbart es in Michael Ondaatjes Roman »Der englische Patient« (1992) der Sahara-Kartograph Ladislaus de Almásy.[3] Seinem Wunsch schickt Almásy, durch Brandverletzungen dem Tod geweiht, eine Analogisierung von Karten und Körpern voraus. In beide schreibt sich die Gegenwart ein und verwandelt sich in Geschichte. Doch während sich der menschliche Körper die Historie seiner Erfahrungen zuvorderst als Erinnerung einverleibt, also unsichtbar, materialisiert sich auf Karten eine Geschichte menschlicher Wissens- und Welterzeugung in immer neuen Zeichenschichten. Almásy ersehnt es sich umgekehrt. Einen Körper, an dem die Erfahrungen eines Lebens sichtbar bleiben. Und eine Erde, die in ihrer Schönheit wieder und wieder aufs Neue entdeckt werden will, anstelle von einer, die es längst ist – und die durch kartengestützte Besitzansprüche, Territorialstreitigkeiten und Nationalismen immerzu in Kriege gestürzt wird. Es ist ein Verlangen nach Frieden und nach einem lustvollen, neugiergeleiteten Erfahren der Welt, das sich in Almásys Vision einer Erde ohne Karten artikuliert.

Zur Zeit des Zweiten Weltkriegs, in der Ondaatjes Roman spielt, hätte der Zustand der Welt kaum weiter von Almásys Wunsch entfernt sein können. Nicht nur im Hinblick auf die Abwesenheit von Frieden, sondern auch auf den Verlust der Verheißungen eines bestimmten Modus von Welterfahrung: Während der ersten Dekaden des 20. Jahrhunderts war an die Stelle der Expeditionsforschung – die den Körper und seine Sinne in suchenden Bewegungen in ferne und fremde Gegenden versetzt und das Erleben von Mobilität mit dem Erzeugen von Wissen verschränkt – in vielen naturwissenschaftlichen Disziplinen wenig mobiler Forschungsalltag an eher profanen Orten getreten: im Labor, am Schreibtisch, in der Bibliothek.

In der Disziplin Almásys war diese Entwicklung weitgehend abgeschlossen, selbst auf den Meeren. Vom späten 18. bis Mitte des 19. Jahrhunderts hatte die britische Admiralität einen Großteil der Küstenverläufe der Erde vermessen und verzeichnen lassen – und das hero-

3 Michael Ondaatje: Der englische Patient. Aus dem Englischen von Adelheid Dormagen, Rheda-Wiedenbrück/Zug/Wien 1993, S. 272.

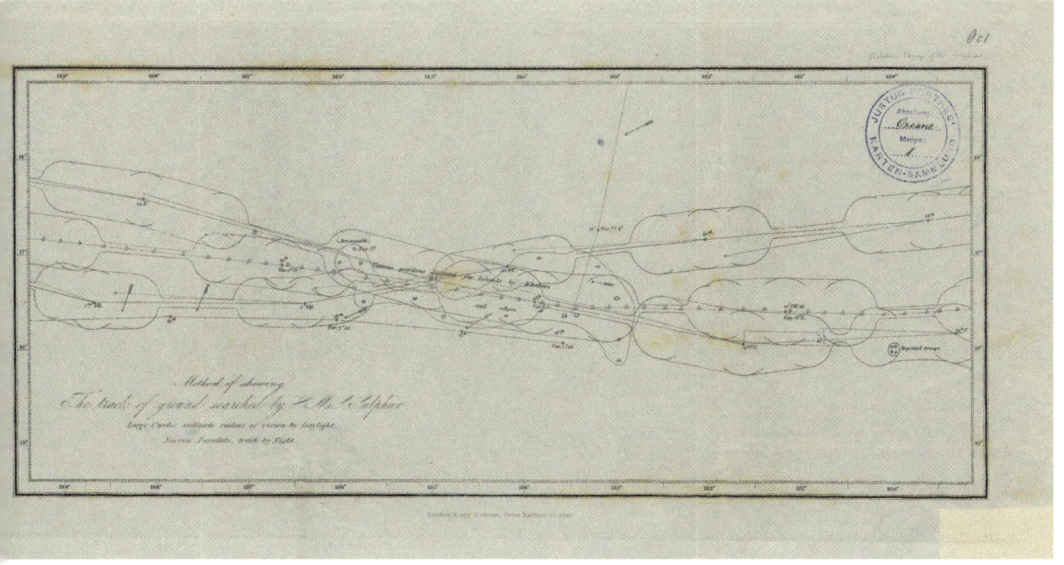

ische Zeitalter der explorativen Seefahrt damit an sein Ende geführt. Als ein spätes großes Unbekanntes der Meeresgeographie kartierten Seefahrer Mitte des Jahrhunderts auch die Inselwelt Ozeaniens in weiten Teilen.

Auf dem offenen Meer bewegten sich Vermessungsschiffe dazu in eigentümlichen Mustern. Eine Karte zur Fahrt der HMS *Sulphur* und der HMS *Starling*, die im Juni 1837 das Gebiet der Revillagigedo-Inseln im Ostpazifik erkundeten, visualisiert beispielhaft die Basis-operation, mit der naturwissenschaftlich geschulte Marineoffiziere die Datengrundlagen für Meereskarten nach den Präzisionsmaßgaben einer physischen Geographie schufen. »Weit draußen auf See« sollte Kommandant Edward Belcher, so hieß es in seinen Befehlen, Gewissheit über die Positionen von Inseln und Gefahrenstellen erlangen, die »verschiedentliche Seefahrer« inkorrekt angegeben hätten.[4] Über die Funktion eines bloßen Navigationsinstruments hinaus dient die so entstandene Karte dem Transfer von Wissen und der Veranschaulichung einer Erhebungsmethode – und zeugt damit nicht nur von der Erweiterung, sondern auch von der Szientifizierung des Meereswissens im 19. Jahrhundert.

Dem physikalisch-geographischen Wissen über die Meere ging das in Belchers Befehlen als unvollkommen beurteilte Wissen der »verschiedentliche[n] Seefahrer« voraus. Wer war gemeint? Die Karte gibt die Antwort: Die fraglichen Positionsangaben weist sie als »assigned [...] by Whalers« (»übermittelt durch Walfänger«) aus. Walfänger aus Nordamerika und Europa hatten ihre Jagdgebiete ab Mitte des 18. Jahrhunderts nach und nach auf alle Ozeane ausgeweitet.

4 Edward Belcher: Narrative of a Voyage Round the World. Performed in Her Majesty's Ship Sulphur, During the Years 1836–1842, including Details of the Naval Operations in China, from Dec. 1840, to Nov. 1841, London 1843, S. xxxv (Zitat übersetzt von Felix Schürmann).

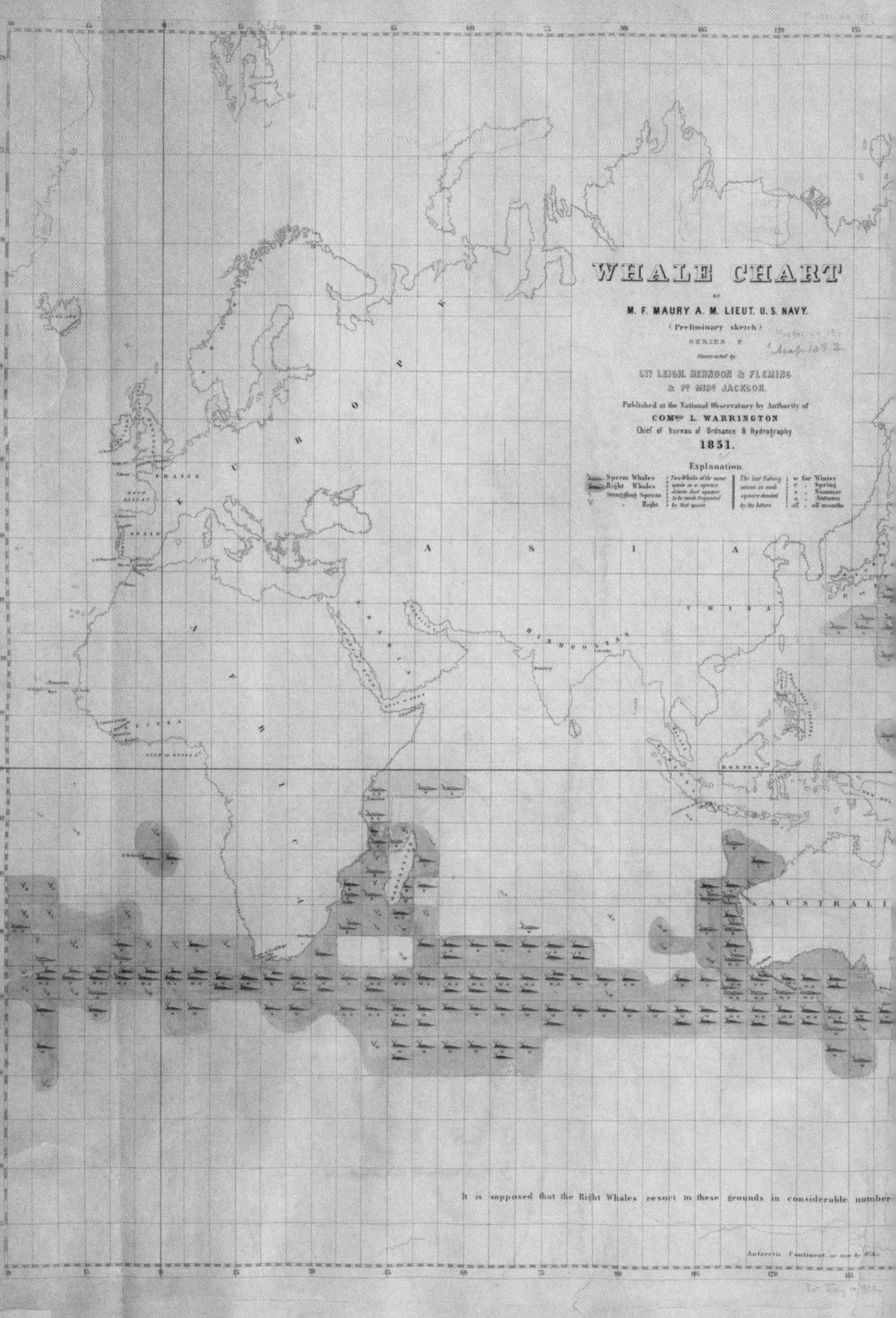

WHALE CHART

BY

M. F. MAURY A. M. LIEUT. U. S. NAVY.

(Preliminary sketch)

SERIES F

Constructed by

LT. LEIGH, HERNDON & FLEMING
& P. MID. JACKSON.

Published at the National Observatory by Authority of

COM. L. WARRINGTON

Chief of bureau of Ordnance & Hydrography

1851.

Explanation.

Sperm Whales	Two Whales of the same species in a square denote that square to be much frequented by that species	The last fishing season in each square denoted by the letters	w for Winter
Right Whales			v .. Spring
Straggling Sperm			s .. Summer
Right			a .. Autumn
			all .. all month

It is supposed that the Right Whales resort to these grounds in considerable number

Antarctic Continent, as seen by Wilkes

No 5

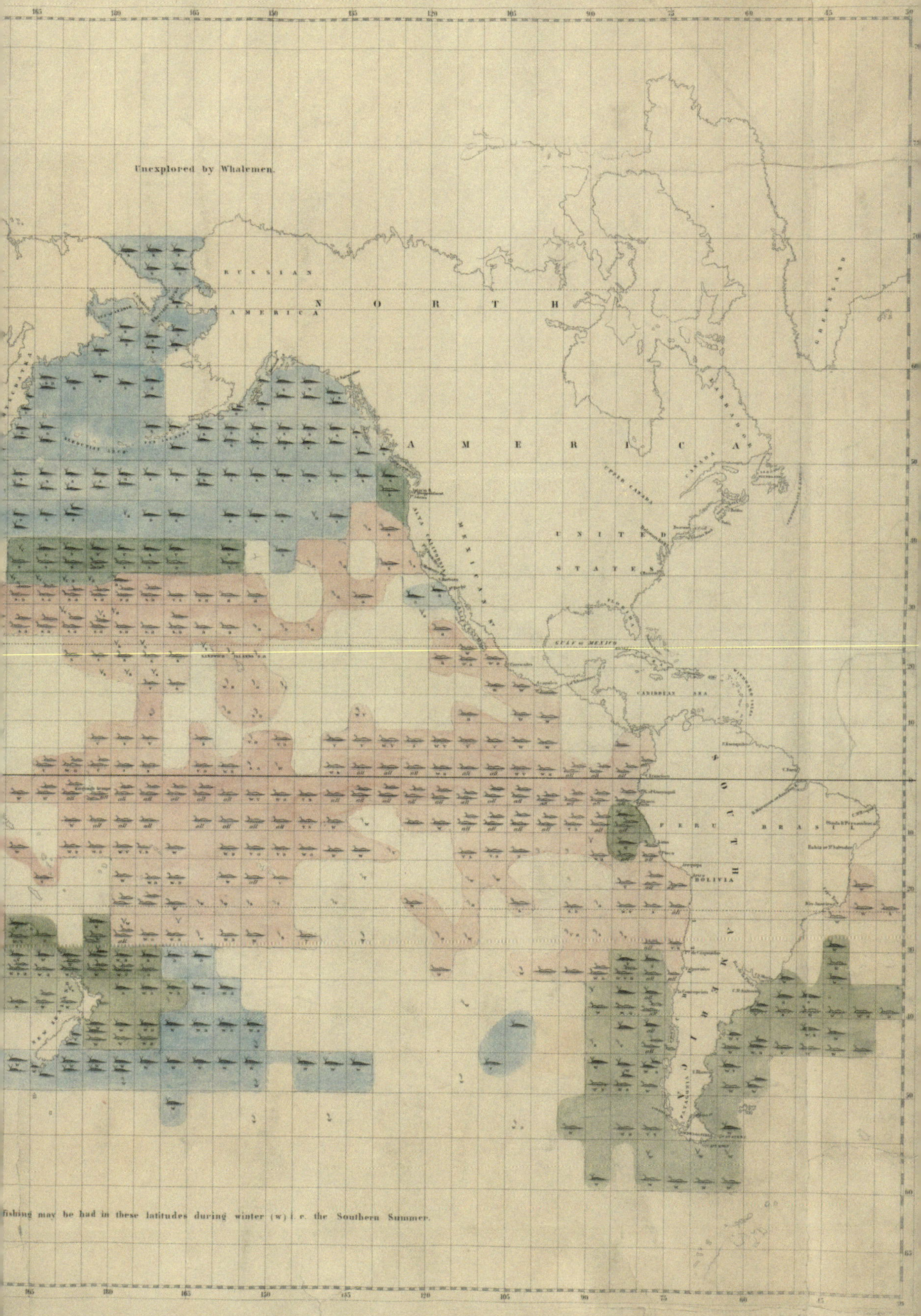

Unexplored by Whalemen.
RUSSIAN AMERICA
NORTH AMERICA
GREENLAND
CANADA
UPPER CANADA
UNITED STATES
GULF of MEXICO
CARIBBEAN SEA
SOUTH AMERICA
PERU
BRASIL
BOLIVIA
fishing may be had in these latitudes during winter (w) i.e. the Southern Summer.

Indem sie den Wanderungsbewegungen der Wale folgten, gelangten sie auch in unkartierte Seegebiete abseits der bewährten Routen der Handelsschifffahrt. Ende der 1760er-Jahre nutzte der amerikanische Naturwissenschaftler Benjamin Franklin das Erfahrungswissen eines Walfangkapitäns – seines Cousins Timothy Folger –, um erstmals den Golfstrom zu kartieren. In der Folge avancierte die Vorstellung eines einzigartigen Wissensschatzes, den Walfänger angesammelt hätten und den es für die Meeresgeographie zu heben gelte, vor allem in den Vereinigten Staaten zu einer populären Figur akademischer Diskurse.[5]

Das Bewegungsprofil eines Walfängers war dem der *Sulphur* und der *Starling* im Ostpazifik nicht unähnlich, suchten und fanden die Seeleute ihre Ziele doch auf dem offenen Meer. Ihrerseits nutzten Walfänger Seekarten mitunter in Verbindung mit Logbüchern früherer Fahrten, um anhand der darin vorgenommenen Eintragungen über Walsichtungen das Migrationsverhalten ihrer Beutetiere zu enträtseln. In der verbissenen Jägermentalität, mit der die Männer den Walen auch in unbekannte Gewässer nachstellten, hat der südafrikanische Schriftsteller Laurens van der Post in »The Hunter and the Whale« (1967) eine Verwandtschaft zu Elefantenjägern erkannt. Nicht minder eindrücklich hat Herman Melville in dem oft zitierten Karten-Kapitel seines »Moby Dick« (1851; S. 40–42) herausgestellt, dass es sich beim Walfang weit eher um Jagen denn um Fangen handelte.

Etwas versteckt wies der Autor dort in einer Fußnote auf eine »kurz vor der Vollendung« stehende Karte hin, die über das »Kollationieren« von Logbüchern »die Wanderwege des Pottwals« zeige. Folgt man der Referenz, so stößt man auf eines der frühesten meereswissenschaftlichen Kartierungsprojekte: Ab 1847 wertete Matthew Fontaine Maury, der das Karten- und Gerätelager der United States Navy verwaltete, mit einer Gruppe von Fähnrichen die Logbücher von mehr als 700 Walfängern aus, um die Verbreitungsgebiete von Walen zu visualisieren. Im Anschluss an Franklin suchte Maury das Wissen der Walfänger für die Meeresforschung und die Wissenschaft der Meere für die Walfänger fruchtbar zu machen – und mithin für die wirtschaftlichen Interessen der Vereinigten Staaten, wie er betonte.[6] Neben einer Reihe von Einzelkarten zu spezifischen Seegebieten beinhalteten Maurys »Whale Charts« eine Überblickskarte, die die Weltmeere nach der Dichte des Vorkommens von Pott- und Glattwalen in Quadranten zerlegt und mithin einer ganz eigenen Ordnungslogik unterwirft (S. 26/27).

Diese und weitere Karten zu biologischen und physikalischen Eigenschaften des marinen Raums trugen Maury den Ruf eines Gründervaters der Ozeanographie ein, der Wissenschaft der Meere. Seinerseits

5 Felix Lüttge: *Whaling Intelligence. News, Facts and US-American Exploration in the Pacific*, in: The British Journal for the History of Science, Bd. 52 2019, S. 425–445.
6 Matthew F. Maury: Explanations and Sailing Directions to Accompany the Wind and Current Charts, 3. Aufl. Washington, D.C. 1851, S. 179.

[7] D. Graham Burnett: *Matthew Fontaine Maury's 'Sea of Fire'. Hydrography, Biogeography, and Providence in the Tropics*, in: *Tropical Visions in an Age of Empire*, Chicago 2005, S. 113–134.

In den Mündungsgebieten afrikanischer Großflüsse verschränkten sich maritime Welten mit binnenländischen Handelssystemen. Deren koloniale Durchdringung wurde ab den 1840er-Jahren mit neuartigen, wendigen Flussdampfern möglich, war beim Erscheinen dieser Karte aber längst nicht abgeschlossen.

verstand sich Maury, der den Dienst auf See nach einem Kutschenunfall früh hatte aufgeben müssen, als Herausforderer der meeresgeographischen Expeditionskultur. Denn wissenschaftliche Erkenntnisse über die Meere, so trat er zu beweisen an, ließen sich auch vom Schreibtisch aus im Auswerten von Daten gewinnen.[7]

Seefahrer und Walfänger, Vermesser und Ozeanwissenschaftler: Haben die Kartographen der Meere die Lust des Entdeckens verdorben, wie Almásy sie beschwor? Haben Karten die Welt und ihre Meere entzaubert? In der Literatur finden sich frühe Ahnungen einer geographischen Melancholie darüber, dass es kaum mehr etwas zu suchen gab, wo nun doch (fast) alles gefunden war. Jules Verne ließ in »Die Kinder des Kapitän Grant«, erschienen 1867, den Geographen Jacques Paganel zunächst von der »Freude« und »Befriedigung« schwärmen, »seine Entdeckungen« auf einer Karte zu verewigen. Noch im selben Atemzug aber schlägt die Begeisterung um: »Man hat Alles, was es von Festland und neuen Welten giebt, gesehen, untersucht, ergründet, und es bleibt uns, die wir zuletzt kommen, in der Geographie nichts mehr zu thun übrig!« Für die Leser und Leserinnen maritimer Abenteuerromane freilich nimmt die Entdeckungsfreude dort, wo sie für Paganel endet, erst einen Anfang.

Das, was doch noch zu tun übriggeblieben war, arbeiteten Geographen in der zweiten Hälfte des 19. Jahrhunderts ab. In rasanter Folge fanden sie Antworten auf in Europa lange diskutierte Fragen etwa nach den Quellen des Nils oder der Nordwestpassage zwischen dem

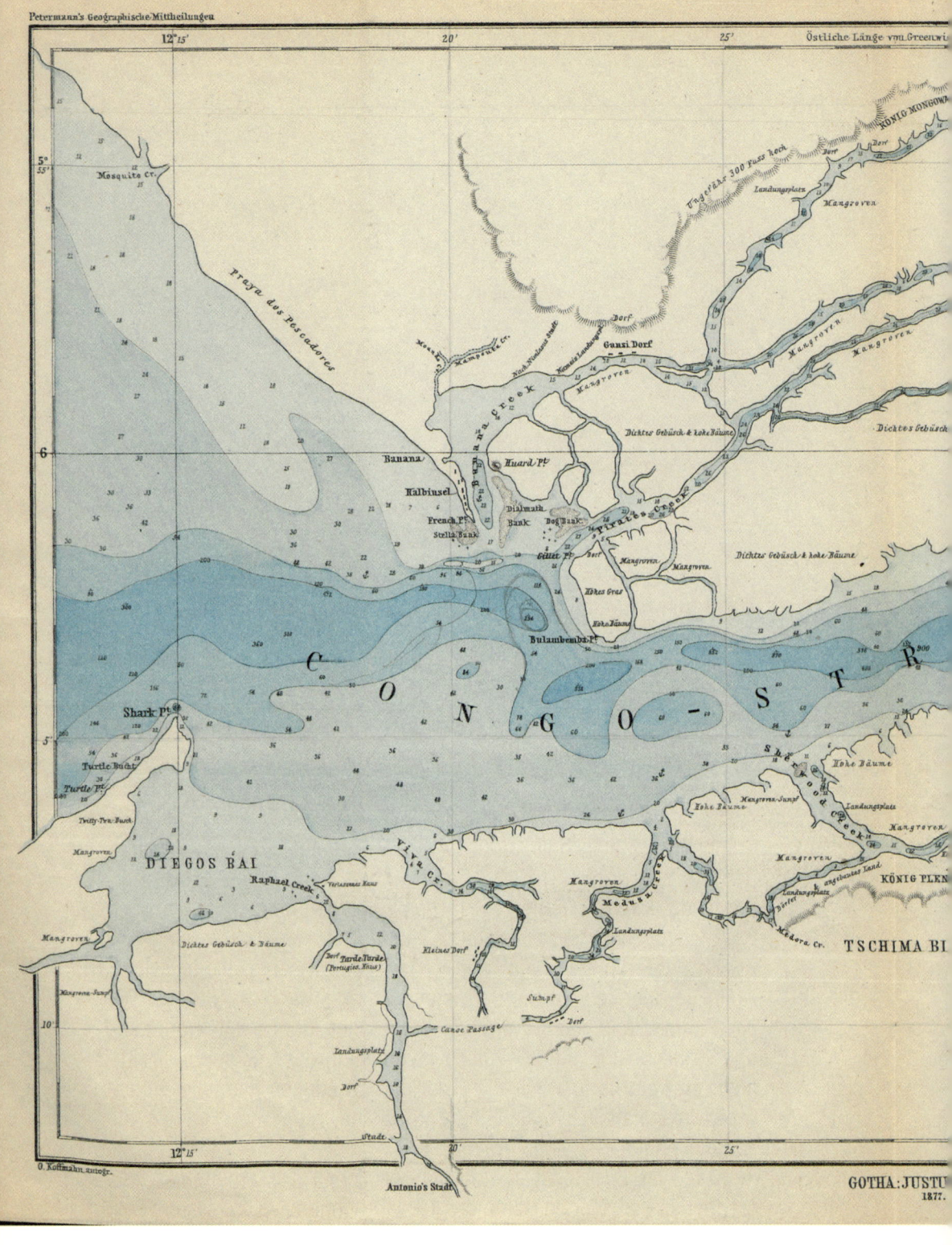

Östliche Länge von Greenwi

KÖNIG MONGOWA

Ungefähr 300 Fuss hoch

Landungsplatz

Dorf   Dorf

Mangroven

Ganzi Dorf

Dorf

Mangroven

Mangroven

Mangroven

Dichtes Gebüsch & hohe Bäume

Dichtes Gebüsch

Praya des Pescadores

Mesquite Cr.

Mund Kampunje Cr.

Nach Neuland Stadt

Banana Creek

Banana

Huard Pt.

Halbinsel

Dialmath

French Pt.   Bank

Stella Bank   Dog Bank

Gillet Pt.   Dorf

Mangroven

Mangroven

Pirates Creek

Dichtes Gebüsch & hohe Bäume

Höhes Gras

Hohe Bäume

Bulambemba Pt.

C O N G O - S T R

Shark Pt.

Sherwood Creek

Hohe Bäume

Turtle Bucht

Turtle Pt.

Twitty-Pra-Busch

Mangroven-Sumpf

Hohe Bäume

Mangroven

Mangroven

Mangroven

D I E G O S B A I

Raphael Creek

Viva Cr.

Mangroven

Medusa Creek

Landungsplatz

KÖNIG PLEN

TSCHIMA BI

Mangroven

Dichtes Gebüsch & Bäume

Dorf Turtle Turtle (Portugies. Haus)

Kleines Dorf

Sumpf

Medora Cr.

Canoe Passage

Dorf

Landungsplatz

Dorf

Stadt

GOTHA: JUSTU
1877.

Antonio's Stadt

AUFNAHME
DES
UNTERN CONGO
UND SEINER
DELTA-VERZWEIGUNGEN
VON
MEDLYCOTT & FLOOD
1875.
REDUKTION VON A. PETERMANN.
Maafsstab 1:150000.

Tiefen in Engl. Fuss (4 F.=1 Faden)
0–20 Fuss   50–200 Fuss
20–50   über 200

Atlantischen und dem Pazifischen Ozean. »Der Zauber ist verflogen«, erklärt – ganz wie ein fernes Echo von Paganel – der Seemann Marlow im ersten Kapitel von Joseph Conrads »Herz der Finsternis« (1899). Mit Blick auf den afrikanischen Kontinent fährt er fort, dass dieser auf Karten »mit Strömen, Seen und Namen angefüllt worden« sei: »Er hatte aufgehört, ein Raum voll köstlicher Geheimnisse zu sein, ein weißer Fleck, von dem ein Knabe Ruhm erträumen konnte.« (S. 43–44) Betrachtet man allerdings zeitgenössische Karten von jenem »mächtig großen Strom«, dessen kartographische Gestalt Marlow in ihren Bann zu ziehen vermochte, so offenbaren sich durchaus weiße Flecken, geheimnisträchtige Namen und Unwissen bekennende Andeutungen, die Raum für Phantasien und Fiktionen öffnen (S. 29). Die Entzauberung der Welt durch rationale Betrachtung, wie sie wissenschaftsgestützte Karten wie Petermanns »Aufnahme des untern Congo« vorgeblich anstreben, erweist sich als ein doppelbödiges, weil beständig selbst unterlaufenes Unterfangen.

Zugleich ließ sich geographischer Entdeckerruhm durchaus auch zu Conrads Zeit noch erwerben – so man bereit war, den eigenen Körper den Extrembedingungen der Südpolarregion auszusetzen. Eine in der Gothaer Sammlung Perthes überlieferte Karte zur Fahrt der norwegischen Bark *Antarctic* – wieder ein Walfänger –, die auf der Suche nach neuen Jagdgebieten von 1894 bis 1895 die Küstengewässer von Viktorialand erkundete und damit die systematische Exploration der Antarktis einläutete, erscheint in ihrer Detailverliebtheit und ihren Ausschmückungen wie ein spätes, stolzes Zeugnis von Paganels »Freude« und Marlows »Zauber« des Entdeckens. Als mutmaßlich Erste, die das antarktische Festland betraten, zählten die Männer um Kapitän Leonard Kristensen zu den Letzten, die das suchend-tastende Bewegungsprofil einer Entdeckungsfahrt auf eine Karte bannten.

Während die Antarktisforschung einige letzte weiße Flecken der Weltkarten füllte, verfestigte sich in Europa und den von ihm geprägten Weltregionen die Einsicht, dass die geographische Exploration der Welt bald schon Geschichte sein würde. Als gelte es, eine entschwindende Ära dem Vergessen zu entreißen, erhoben Kartographen die Entdeckungsfahrten vergangener Zeiten zu einem neuen Sujet ihres Schaffens.

Unter den zahlreichen Weltkarten, die ab dem späten 19. Jahrhundert die historische Seefahrt thematisierten, sticht die 1935 erschienene »Pictorial History of Seafaring« von Edward A. Turpin in ihrer verspielten Opulenz prägnant heraus (S. 34/35). Eines als Karte kostümierten Sachbuchs gleich präsentiert sie eine schier endlose Fülle

Umfängliche Navigationshinweise für »future navigators« unterstreichen den Pioniercharakter, den die Männer der Antarctica für ihre Fahrt und die daraus hervorgegangene Karte behaupteten.

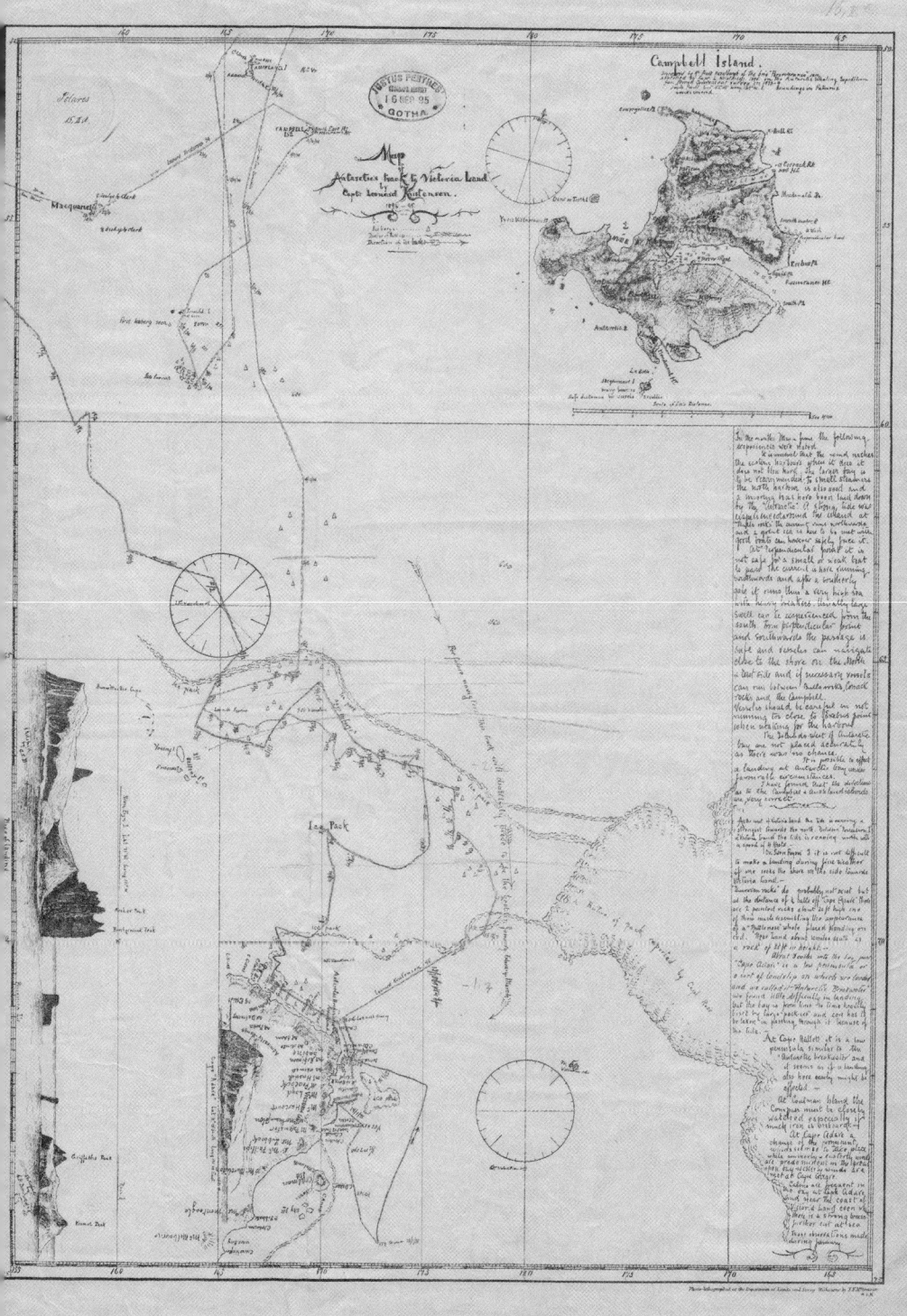

Campbell Island.

Map
Antarctics track to Victoria Land
by
Capt: Leonard Kristensen.

Pictorial

Meteorolo...

Mariners a...

Famous Ships, L...

the S...

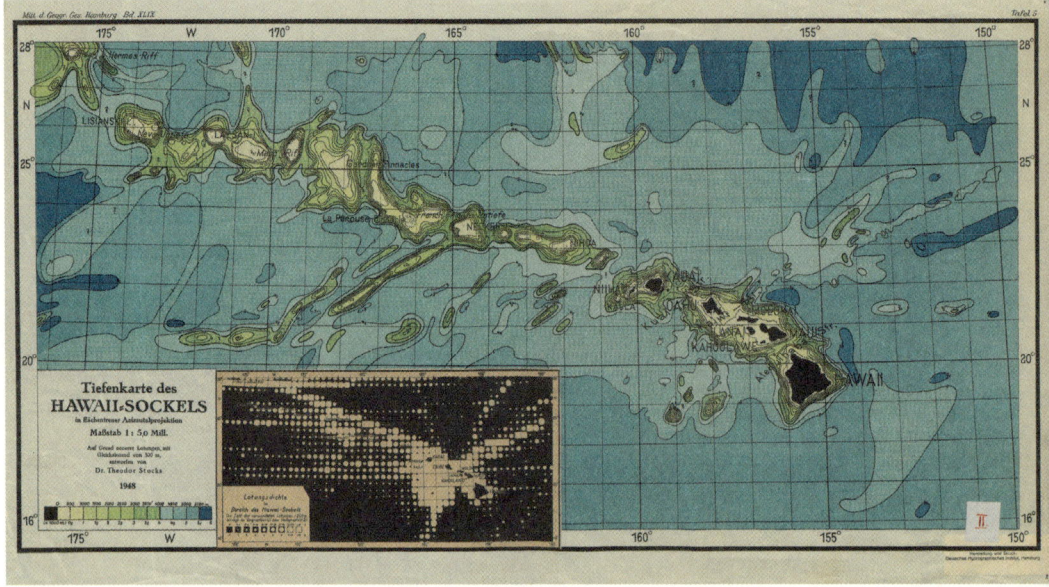

von Wissen unter anderem zu denkwürdigen Entdeckungsfahrten und Weltumseglungen, historischen Schiffstypen, bedeutenden Persönlichkeiten und Orten der maritimen Geschichte, spektakulären wie kuriosen Begebenheiten, Erkenntnissen der Meereswissenschaften – und auch zu Romanen, etwa von Herman Melville und Robert Louis Stevenson.

Aufmerksamkeit verdient Turpins Karte auch deshalb, weil sie imposant bezeugt, dass die Meere ihren Zauber durch ihre Kartierung mitnichten verloren hatten, sondern vielmehr immer neue Rätsel offenbarten. So hatten schon seit Mitte des 19. Jahrhunderts die Verlegung unterseeischer Telegraphenkabel, die ersten Kriegseinsätze von U-Booten und insbesondere die *Challenger*-Expedition – die erste Forschungsreise zur Untersuchung der Tiefsee – im europäischen Bürgertum eine Neugier auf das Innere, auf die Tiefendimension des Meeresraums befeuert. Neben realen wie phantastischen Meerestieren, wie sie schon frühere Epochen fasziniert hatten, verweist Turpins Karte auf Schiffswracks und auf versunkene Städte, in denen sich die Geschichtlichkeit des marinen Raums materialisiert. Die Lust am Entdecken der Meere verflog keineswegs. Sie verlagerte sich nach unten.

Dort auch ließen sich noch immer weiße Flecken auf Karten füllen. In seiner Reiseerzählung »Die Kaktushecke« entwarf Walter Benjamin 1933 die Figur eines auf Ibiza lebenden Iren, O'Brien, der vor der Küste Reusen auf dem Meeresboden aufstellte, um Langusten zu fangen (S. 152). Die dabei gewonnenen Informationen über das Tiefenprofil

Theodor Stocks, Kartograph im Dienste der Meereswissenschaften, erkannte früh das Potenzial des Echolots für die Forschung über den Meeresboden. Sein Lebensprojekt, alle verfügbaren Tiefendaten auf einer Weltkarte zusammenzuführen, blieb unvollendet.

dieses Seegebiets überträgt er abends auf Seekarten der britischen Marine, identifiziert unterseeische Hügel und sinniert darüber, »wie hübsch es wäre, wenn man mich dort in der Tiefe verewigte, indem man ihrer einem meinen Namen gäbe.« Bis heute ist der größte Teil der weltweiten Meeresböden ort- und namenlos. Nur zu schätzungsweise zehn bis zwanzig Prozent der Gesamtfläche liegen messbasierte Karten vor – ein geringerer Anteil als vom Mond oder selbst vom Mars.[8] Für die Visualisierung der Meeresböden – und der Methoden ihrer Beforschung – fand die Kartographie in der Zeit Benjamins zu neuen Gestaltungsformen, die unter anderem eine veränderte, die konstruktivistische Dimension des Kartierens akzentuierende Ästhetik hervorbrachten.

Um einen gänzlich zeichenlosen Raum handelte es sich beim Meeresboden allerdings auch schon zu dieser Zeit nicht mehr. Sucht man nach Vorläufern der dem Innern der Meere und seiner Geschichtlichkeit entgegengebrachten Faszination, stößt man neben dem schon genannten Jules Verne auf den Reisejournalisten Gustav Rasch. Bei einer Segelfahrt im nordfriesischen Wattenmeer im September 1861 entfaltete er seine Seekarte nicht etwa zur Navigation, sondern um etwas über die »interessante und merkwürdige Tiefe« zu erfahren, die der »schimmernde Wasserschleier« vor ihm verbarg (S. 45). Die auf der Karte erhaltenen Bezeichnungen untergegangener Marschinseln und ihrer Ortschaften regten ihn an, eine Vorstellung der versunkenen Inseltopographie mit ihren Dörfern, Feldern und Flüssen auszubilden.

Wie wird aus einer Stelle auf dem offenen Meer oder auf seinem Grund ein Ort? Karten, so scheint es, spielen bei solchen Verwandlungen eine bedeutende Rolle. Unter den literarischen Reflexionen darüber sticht nicht zufällig ein Roman über eine Reise in einem U-Boot heraus, Lothar-Günther Buchheims »Das Boot« (1973; S. 49–51). »Wir haben keinen Hafen als Bestimmungsort«, lässt der Autor seinen Ich-Erzähler erklären, einen Kriegsberichterstatter an Bord eines deutschen U-Boots im Zweiten Weltkrieg. »Unser nächstes Ziel, das uns vom Stützpunkt weg in die Weite des Ozeans leitet, ist ein von zwei Zahlen bezeichnetes Planquadrat im Mittelatlantik.«

Dort angekommen verliert der Berichterstatter wiederholt die Orientierung. Umhüllt von Stahl vermögen die Sinne den Körper nur noch in der engsten Umgebung zu orientieren (S. 50). Umso größeres Gewicht fällt nun den Karten zu. Doch auf den blaugrauen Kartenbildern des offenen Meeres – »keine Küstensäume, keine Untiefen – bloß noch ein dichtes Netz von Quadraten mit Zahlen und Buchstaben an den waagerechten und senkrechten Linien« – lässt sich zwar der geo-

8 Anne-Cathrin Wölfl: Die Vermessung des Meeresbodens, Earth System Knowledge Platform/ Wissensplattform Erde und Umwelt, 06.12.2018, https://themenspezial.eskp.de/rohstoffe-in-der-tiefsee/inhalt/handlungsoptionen/die-vermessung-des-meeresbodens/ (12.11.2019).

graphische Standort erkennen, als Bleistiftkreuz am Ende der Routenlinien, das aber hilft kaum, ein Bewusstsein über die Position des Selbst im Raum auszubilden. »Ein vertracktes Gewirr von Linien, die, wenn man sie so sieht, keinen Sinn ergeben wollen.«

Anders bei den erfahreneren U-Boot-Männern. Der Obersteuermann kann dem Kartenbild durchaus Sinn abgewinnen – und einen Ort identifizieren: »Er zeigt auf ein Quadrat der Karte: ›Hier wars mal ganz lustig, kurz vor ›Helm ab zum Gebet‹!‹« Während der Berichterstatter zwischen den Zahlen und Linien weiterhin »nichts als Löchlein von der Zirkelspitze im Netz der Quadrate« zu erkennen vermag, wachsen dem Befehlshaber »aus der blaugedruckten netzüberzogenen Fläche lebendige Bilder zu: Rauchfahnen hinter der Kimm, dünn und zerblasen, kaum auszumachen. Womöglich sieht er jetzt auch Decksaufbauten, Passagieraufbauten gar, Ladebäume, Schiffe mit großen Luken, Schiffe, deren Aufbauten nach achtern gerückt sind: Tanker.« Im Verbund mit der Karte scheint der U-Boot-Mann einen siebten Sinn zu entwickeln. Und je mehr Zeit der Berichterstatter auf dem Boot verbringt, desto stärker vermögen die Karten auch seine Vorstellungskraft anzuregen. »Ich sehe das Kartenbild der Straße von Gibraltar ganz genau vor mir«, erklärt er Monate später, »und hineinprojiziert ein widerwärtig dichtes System von Ortungsgeräten, Netzen, dichten Kordons von Bewachungsfahrzeugen, Minen und allen Schikanen.«

Eine Stelle gerinnt nicht zuletzt dadurch zum Ort, dass sie ein Bild vor dem geistigen Auge entstehen zu lassen vermag, dass sie vertraut und erinnerlich wird, dass sich Zugehörigkeitsgefühl an sie zurückbinden lässt. In marinen Seeschaften, die anders als terrestrische Landschaften kaum materielle Erinnerungszeichen aufweisen, verhilft oft allein das Medium Karte einer Stelle zu Ortsqualität, zu einem *genius loci*. Und doch bleiben Orte in Seeschaften unbegehbar – und nicht zuletzt diese Eigenheit trägt dazu bei, dass paradoxerweise gerade Meeresräume häufig zum Gegenstand von Territorialkonflikten werden.

Die Beziehung zwischen der Ortsarmut der Meere, der Kartographie und der Suche nach Zugehörigkeit hat der lucianische Nobelpreisträger Derek Walcott prominent thematisiert. In seinem Gedicht »The Sea Is History« (»Das Meer ist Geschichte«) antwortet der afrokaribische Erzähler auf die Frage, wo sich seine Monumente, Schlachten und Märtyrer befänden: »Das Meer hat sie eingeschlossen.«[9] Zwar weiß er um die leidvolle Vergangenheit von Verschleppung und Versklavung, auf die die karibische Bevölkerung afrikanischer Herkunft zurückgeht. Eine zugehörigkeitsstiftende Geschichtserzählung aber will

9 Im Original: »The sea has locked them up.« Derek Walcott: *The Sea Is History*, in: The Paris Review, Bd. 74 1978.

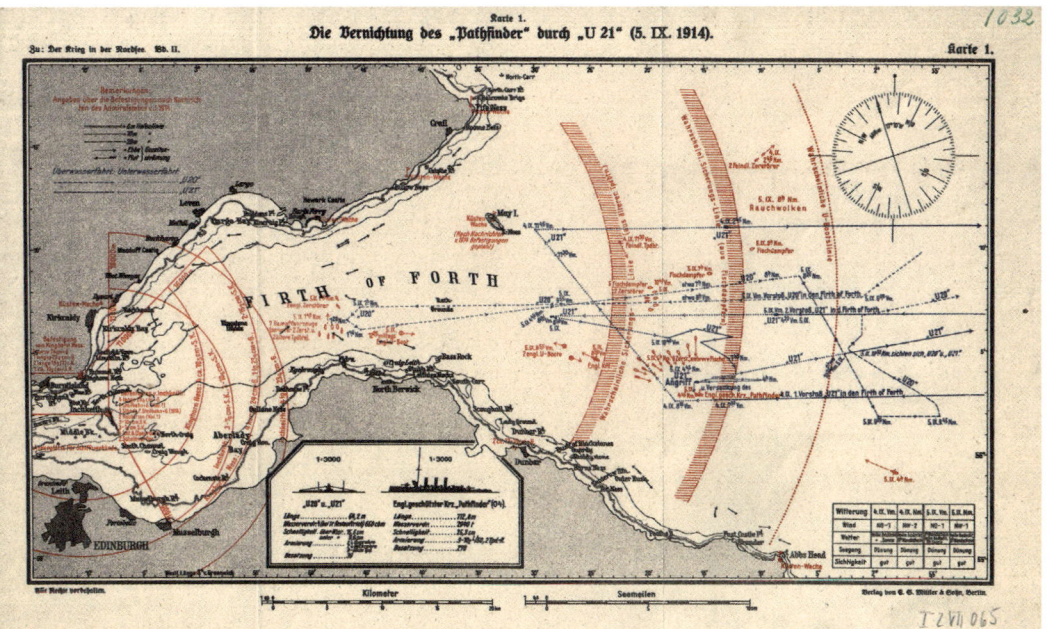

Tauchfahrten, Geschützreichweiten, Wahrscheinlichkeiten: Bedeutende Elemente des U-Boot-Kriegs, mit denen diese Karte den Meeresraum füllt, blieben für das bloße Auge unsichtbar.

sich aus den Fahrten der Sklavenschiffe nicht formen lassen, bleibt man im Mythos verfangen, Zugehörigkeit bedeute Verwurzelung, die Bindung an einen Boden.

Und so treibt das quälende Gefühl von Nichtzugehörigkeit in Walcotts Gedicht »The Schooner ›Flight‹« (»Der Schoner ›Flight‹«; S. 52–55) den Erzähler Shabine aufs Meer. Erst nach einem schweren Sturm, in dem auch Shabines emotionale Turbulenzen kulminieren, erkennt er im Ozean eine Verheißung von innerem Frieden, Lebensfreude und Zuversicht – und in der Karte des Karibischen Meers den Tür- und Augenöffner für neue, indes auf Inseln zu findende Möglichkeiten: »Schlag die Karte auf. Mehr Inseln da, Mann,/als Erbsen auf einem Zinnteller, alle unterschiedlicher Größe,/Eintausend allein in den Bahamas,/von Bergen zu tiefem Unterholz mit Koralleninseln,/und von diesem Bugspriet aus, preise ich jede Stadt.«

Schon seit Odysseus dient die literarische Seereise nie allein dazu, unkartiertes Land zu finden. Immer hilft sie auch, sich selbst zu erfahren, zu sich zu finden. Auch auf einem kartierten Meer, in einer kartierten Welt lässt sich Bedeutendes suchen und finden, lassen sich Entdeckungen machen und lässt sich, wie von Almásy ersehnt, Lebenshunger stillen und Neugierde befriedigen. Und so bleibt es ein lohnendes Unterfangen, den Karten der Meere neue Bedeutungen abzuringen und neue Zeichenschichten hinzuzufügen.

MOBY DICK ODER DER WAL

Herman Melville

Auf dem Walfänger Pequod *hat Kapitän Ahab im Mittelatlantik gegenüber der Mannschaft sein Ziel enthüllt, den weißen Wal »Moby Dick«
durch alle Ozeane zu jagen. Nun befragt er, so glaubt es jedenfalls
der Seemann Ishmael, seine Seekarten und bringt dabei die neuesten
wissenschaftlichen Verfahren zum Aufstöbern von Walen zur Anwen-
dung. Zugleich treten die wahnhaften Züge des Kapitäns immer offener zutage.*

Die Seekarte

Wärt ihr mit Kapitän Ahab in seine Kajüte hinabgestiegen, nach der
Sturmbö in jener Nacht, die auf die ungestüme Ratifikation seines Vor-
satzes im Bundesschluß mit seiner Mannschaft folgte, so hättet ihr
gesehen, wie er an einen Spind im Heckbalken trat, eine große, zer-
knitterte Rolle vergilbter Seekarten hervorholte und sie vor sich auf
seinem festgeschraubten Tisch ausbreitete. Ihr hättet gesehen, wie er
vor ihr Platz nahm, aufmerksam die verschiedenen Linien und Schat-
tierungen betrachtete, die sich dort seinem Blicke darboten, und mit
einem Bleistift bedächtig andere mögliche Kurse durch vormals völlig
leere Seeräume absteckte. Hin und wieder griff er auf alte Logbücher
zurück, die sich neben ihm stapelten. In ihnen war festgehalten, wo
und zu welcher Jahreszeit früher andere Schiffe auf anderen Fahrten
Pottwale gefangen oder gesichtet hatten.

Währenddessen schaukelte die schwere Zinnlampe, die an Ketten
über seinem Haupte hing, mit dem Krängen des Schiffes stetig hin
und her und warf wandernde Lichter und Schatten auf seine zerfurchte
Stirn, bis es fast so schien, als zöge ein unsichtbarer Bleistift Linien und
Kurse über die tief gezeichnete Karte seiner Stirn, derweil er die Linien
und Kurse auf der zerfurchten Seekarte absteckte.

Nun geschah es allerdings nicht nur in dieser einen Nacht, daß Ahab in der Einsamkeit seiner Kajüte so über seinen Karten brütete. Fast jede Nacht wurden sie hervorgeholt; fast jede Nacht wurden einige Bleistiftstriche ausradiert und dafür andere eingetragen. Vor den Karten aller vier Weltmeere sitzend, suchte sich Ahab seinen Weg durch ein Labyrinth aus Strudeln und Strömungen, immer darauf bedacht, wie er die monomanische Idee, von der seine Seele besessen war, noch trefflicher in die Tat umsetzen konnte.

Nun mag es jedem, der mit den Gewohnheiten des Leviathans nicht bestens vertraut ist, als ein sinnloses und hoffnungsloses Unterfangen erscheinen, auf diese Weise in den unumgrenzten Weltmeeren dieses Planeten ein einzelnes Tier aufzuspüren. Ahab aber sah das anders, kannte er doch die Abtrift durch alle Gezeiten und Strömungen der Meere und konnte deshalb ausrechnen, wohin die Nahrung des Pottwales trieb. Indem er sich außerdem die feststehenden Zeiten vergegenwärtigte, zu denen man den Wal in bestimmten Breiten regelmäßig jagte, konnte er zu vernünftigen Vermutungen, ja fast schon zu Gewißheiten gelangen, um auf der Suche nach seiner Beute zur rechten Zeit in diesem oder jenem Fanggrund zu stehen.

Wirklich kann die regelmäßige Rückkehr des Pottwales in bestimmte Gewässer als gesicherte Tatsache gelten, so daß viele Waljäger der Meinung sind, man müsse ihn lediglich weltweit genauestens beobachten und studieren, man brauche bloß die Logbücher einer Fangfahrt der gesamten Walfangflotte sorgsam zu kollationieren, um festzustellen, daß die Wanderwege des Pottwals ebenso unveränderlich verlaufen wie die Wege der Herings- oder Schwalbenschwärme. Ausgehend von diesem Hinweis, hat man tatsächlich versucht, ausgeklügelte Karten der Pottwalwanderungen zu erstellen.*

Seit der Niederschrift obiger Zeilen ist diese Feststellung durch ein amtliches Rundschreiben, das Leutnant Maury von der Staatlichen Seewarte in Washington am 16. April 1851 herausgegeben hat, aufs glücklichste bestätigt worden. Diesem Schreiben zufolge sieht es so aus, als stehe eine ebensolche Karte kurz vor der Vollendung; Teile von ihr werden in dem Rundschreiben vorgestellt. »Diese Karte teilt den Ozean in Abschnitte von fünf Grad Breite zu fünf Grad Länge; durch jeden dieser Abschnitte sind senkrecht zwölf Spalten für die zwölf Monate des Jahres gezogen; dazu verlaufen drei Linien waagerecht durch jeden dieser Abschnitte, eine für die Anzahl der Tage, welche in jedem Monat in jedem Abschnitt zugebracht wurden, die beiden anderen für die Anzahl der Tage, an denen Pottfische oder Glattwale gesichtet wurden.«

Herman Melville: *Moby Dick oder Der Wal*, Übersetzung von Matthias Jendis, München, 2001.

HERZ DER FINSTERNIS

Joseph Conrad

An Bord der Nellie, die bei Gravesend in der Themsemündung vor Anker liegt, hebt Charles Marlow an, den übrigen Seeleuten aus seinem Leben zu erzählen. Am Anfang seiner Sehnsucht, zur See zu fahren und ferne Gebiete zu erschließen, stand die Betrachtung von Karten. Schließlich sollte ihn seine Entdeckerlust auf den Kongo führen, den er hier nicht namentlich nennt.

Ich war damals, wie ihr euch erinnert, eben nach London heimgekehrt, nachdem ich den Osten reichlich gesehen und mich etwa sechs Jahre lang im Indischen und Stillen Ozean und im Chinesischen Meer herumgetrieben hatte; nun bummelte ich herum, hinderte euch Burschen in eurer Arbeit, drang in eure Häuser ein, als hätte mich der Himmel zu der Aufgabe berufen, euch zur Gesittung zu bekehren. Eine Zeitlang schien es recht nett, aber dann wurde ich des Faulenzens müde. Ich begann nach einem Schiff Ausschau zu halten, was mir die härteste Arbeit auf Erden zu sein scheint. Doch die Schiffe sahen nicht nach mir und so wurde ich auch dieses Spieles müde.

Nun hatte ich schon als ganz kleiner Junge eine Leidenschaft für Landkarten gehabt. Ich konnte mir stundenlang Südamerika, oder Afrika, oder Australien betrachten und mich in die Wonnen der Erforschung versenken. Damals gab es noch viele weiße Flecke auf der Erde, und wenn ich auf einen stieß, der auf der Karte einladend aussah (aber das tun sie ja alle), dann legte ich den Finger darauf und sagte: »Wenn ich groß bin, will ich dahin gehen.« Der Nordpol war einer dieser Orte, wie ich mich erinnere: Ich bin nicht dort gewesen und will es auch jetzt nicht versuchen. Der Zauber ist verflogen. Andere Flecke waren um den Äquator herum verstreut und über alle Breiten, über beide Halbkugeln. An einigen davon bin ich gewesen und ... nun, wir wollen nicht davon reden. Aber einen gab es noch, den größten, den weißesten sozusagen, nach dem mir der Sinn stand.

Tatsächlich war es damals kein weißer Fleck mehr. Seit meiner Knabenzeit war er mit Strömen, Seen und Namen angefüllt worden. Er hatte aufgehört, ein Raum voll köstlicher Geheimnisse zu sein, ein weißer Fleck, von dem ein Knabe Ruhm erträumen konnte. Er war zu einem Ort der Finsternis geworden. Doch gab es darin einen Flußlauf, einen mächtig großen Strom, den man auf der Karte sehen konnte und der einer langgestreckten Schlange ähnelte, deren Kopf im Meere lag, während der ruhende Körper sich weit weg über weite Ländereien ringelte und der Schwanz sich tief im Innern verlor. Als ich mir in einem Auslagefenster diese Karte betrachtete, fühlte ich mich gebannt wie ein Vogel, ein ganz dummer kleiner Vogel, vom Blick einer Schlange. Dann erinnerte ich mich, daß es eine große Gesellschaft, eine Handelsgesellschaft an dem Flusse gab. Zum Teufel, dachte ich mir, sie können doch auf der Menge Süßwasser dort nicht Handel treiben ohne irgendeine Art von Fahrzeugen – Dampfbooten! Warum sollte ich nicht versuchen, eines davon in die Finger zu bekommen; Ich ging weiter durch Fleet Street, konnte aber den Gedanken nicht loswerden. Die Schlange hatte mich berückt.

Joseph Conrad: *Das Herz der Finsternis*, Übersetzung von Ernst W. Freissler, Berlin, 1933.

DER MÄRTYRER VON OLAND

Gustav Rasch

Eine Segelfahrt von Föhr zur friesischen Hallig Oland im September 1861. Der Reisejournalist Gustav Rasch erfährt von den untergegangenen Marschinseln des nordfriesischen Wattenmeers. Auf der undurchschaubaren Wasseroberfläche hat deren Geschichte keinerlei Spuren hinterlassen. Auf der Karte aber finden sich Zeichen von Vergangenheit, die das Vorstellungsvermögen anregen und Neugier auf den Meeresgrund wecken.

Der Wind blies aus Südost und kräuselte die Meeresfläche leicht auf. Die Danebrogfahnen, welche am Strande an drei hohen Masten befestigt sind, blähten sich stolz auf, die dänische Musik begann die ihre melodische Schwester an Schönheit noch übertreffende Melodie »vorn tappern Seesoldaten« zu spielen, der Wind füllte das Segel, der Nautilus flog wie eine weißbeschwingte Möve über die grünen Wogen, und nach einer Viertelstunde lag die ganze dänische Herrlichkeit mit ihrer Bademusik, Danebrogsfahnen und Badekarten weit hinter uns. Schweigend bewunderten wir die Herrlichkeit und Majestät des Meeres. Hie und da erhob sich der schwarze Kopf eines Seehundes aus der schimmernden Fläche, schaute uns neugierig an und verschwand dann wieder ebenso schnell unter dem Wasser. Es war eine interessante und merkwürdige Tiefe, über welche wir hinfuhren, welche vielleicht zu den interessantesten Meerestiefen an den europäischen Küsten gehört. Jetzt deckte diese Tiefen ein schimmernder Schleier spiegelnden Wassers. Aber mein Freund zog eine Seekarte hervor und breitete sie auf der Bank aus, auf der wir saßen, und auf dieser Seekarte sahen wir nun Alles, was der schimmernde Wasserschleier, in dem der Kiel des Schiffes eine lange, in allen Farben des Prisma's im Reflex der Sonnenstrahlen glitzernde Furche zog, verbarg. Da erkannten wir in den tieferen Wasserstreifen den Lauf der Flüsse, welche ehemals hier durch das Land zum Meere strömten, da blühen an ihren Ufern farbenstrahlende Blumen, da wogten gelbe Kornfelder, da erblickten wir die versunkenen Dörfer mit ihren uralten, viereckigen Kirchthürmen, da sahen wir die versunkenen Wiesen und Fluren, welche noch heute alle ihre alten Namen haben, wie sie vor vielen hundert Jahren hießen. Heute haben sie sich in Sandbänke verwandelt, und die Sandbänke bezeichnet der Schiffer noch nach den Namen der Dörfer, welche einst zwischen diesen Wiesen und diesem Ackerlande standen, und vermeidet sie mit derselben Sorgfalt, wie einst der Wanderer sie suchte. Hie und da zog sich eine leise Brandung in langen Windungen durch die grünschimmernde Oberfläche des Meeres, und die Sonnenfunken spielten mit einander in dem weißen Gekräusel. In der Ferne erscheinen diese leisen Brandungen wie lange, gefärbte Streifen. »Kapplings« nennt sie der Seefahrer; sie sind die verschiedenen Strömungen der Nordsee, welche sich gegenseitig treffen und sich am Rande in die Höhe heben. Und diese Strömungen entstehen weit unten aus den höher liegenden Sandbänken, welche einst Ackerland waren. Alles das sahen wir auf der Seekarte, und dann blickten wir hinunter über den Rand des Schiffes, auf das spiegelnde, durchsichtige Wasser, und oft glaubten wir auf dem Grunde des Meeres alle die weißen Dörfer und die altersgrauen Kirchthürme und die grünen Wiesen und die gelben, wogenden Kornfelder und die farbenstrahlenden Blumen wiederzuerkennen; die Sagen und die historischen Erinnerungen, welche sich hier an jede Tiefe, an jede Sandbank knüpfen, reihten sich in unserm Gedächtniß aneinander; sie sprachen von Liebe und traulichem Stillleben, von gebrochenen Herzen friesischer Mädchen, deren langerwartete Geliebten in den Sturmfluthen der indischen Meere versanken, von flackernden Heerdesflammen und fröhlichen Sonntagen, und wir glaubten oft tief da unten die Kirchenglocken läuten zu hören, welche zum Gottesdienst riefen, und wir sahen die Häuser und die Steintrümmer, welche noch heute da unten im Sande versteckt liegen und unter denen die Knochen der Unglücklichen bleichen, welche in einer jener immer wiederkehrenden, angstvollen friesischen Nächte voll Sturmgeheul und Nothgeschrei mit den Wogen kämpfender Menschen ihren Tod fanden. Ja, es giebt noch Orte – so erzählte man mir auf der Hallige Langenneß – wo diese Trümmer noch in ihrer wirklichen Gestalt über der Fläche des Meeres, wie körperliche Gespenster der Vergangenheit, erscheinen, wenn die langanhaltenden Ostwinde alle Wasser in die hohe See hinaustreiben und weite Strecken Meeresboden bloßlegen. Dann ist die alte Verbindung der Halligen unter einander wiederhergestellt, und die »Halligmänner« und die »Halligfrauen« von Oland und Langenneß und Amram besuchen sich unter einander, über den »Schlick« laufend, bis die Fluth wiederkommt und den alten Meeresboden von Neuem mit ihren dahinströmenden Wellen bedeckt. So erzählte auch unser braver Petersen, als wir über die schimmernde Tiefe, den Flug der Möven kreuzend, welche sich die weißen Flügel in den Wellen netzten, vor dem stärker wehenden Ostwinde dahin flogen, während er das Steuer direct auf Oland hielt, welches sich in scharfen Contouren am Horizonte abzeichnete, und wo wir bereits die einzelnen Häuser und die alte Kirche ganz deutlich unterschieden.

»Hier sind es die Wasserströmungen, welche über die blühende, lebendige Gegenwart einst dahin tobten. Alles verderbend und in ihre Strudel niederreißend,« sagte mein Freund mit traurigem Blick, die Seekarte zusammenfaltend; »bei Neapel waren es die Lavaströme, welche aus dem Krater des Vesuv niederstürzten und Städte und Fluren mit ihren feurigen Armen umschlangen. Sie sahen ja diese versteinerten Lavaströme, jetzt vor einem Jahre; vielleicht gerade heute. Wasser und Feuer! In den Resultaten der Zerstörung ist es ganz dasselbe. Aber wir sind ganz nahe an Oland. Der Nautilus wird gleich auf dem Sande festsitzen. Sehen Sie, ich sehe ganz deutlich den Meeresgrund!«

Gustav Rasch: *Vom verlassenen Bruderstamme. Nr. 4: Der Märtyrer von Oland,* in: Die Gartenlaube, Bd. 10, 1862, S. 149–151; 167–170.

Das Boot

Lothar-Günther Buchheim

Im Herbst 1941 sucht ein deutsches U-Boot im Mittelatlantik nach alliierten Geleitzügen, bislang vergeblich. Für den Kriegsberichterstatter und Ich-Erzähler stellen sich die Seekarten bloß als abstraktes Gewirr von Linien, Zahlen und Buchstaben dar. Für den Kommandanten hingegen tragen sie nicht nur Bedeutung als zentrales Orientierungs- und Planungsinstrument der Jagdoperation, sondern rufen auch Bilder und ein emotionales Selbstgespräch auf.

Das immer gleiche Bild: Mit aufgelegten Ellbogen steht der Kommandant über die Seekarte gebeugt und »knobelt«. In tiefem Nachsinnen greift er hin und wieder zum Zirkel und legt den Winkel an.

»Wahrscheinlich weichen die nach Norden aus, weil die Nächte lang sind? Und wenn man sie im Norden sucht – schlagen sie prompt riesige Bögen nach Süden. Die fahren, wenns sein muß, ganz verrückte Routen. Zeit spielt da anscheinend keine Rolle mehr. Wir müßten eben größere Seegebiete kontrollieren können.« Plötzlich hebt der Alte die Stimme: »Wo sind unsere Flieger, Herr Göring?« Als hätte er sich damit schon genügend Luft gemacht, verfällt er gleich darauf ins Murmeln: »Na ja – die Bestecke dieser Brüder sind eh falsch. Auf zwanzig, dreißig Seemeilen kommts der Luftwaffe gar nicht an.«

Der Kommandant legt sorgsam Winkel und Lineal auf der Karte an, beugt sich eine Weile tief über den Kartentisch, versucht es mit einer anderen Lage von Lineal und Winkel, nimmt schließlich den Zirkel zu Hilfe, probiert dieses und jenes.

Das geht so eine Weile, bis er mit dem Zirkel auf eine Stelle in all dem gleichförmigen Blau zeigt: »*Hier* müßte man jetzt stehen, hier *muß* was los sein. Hier kommen sie durch – oder ich will Max heißen!«

Standort ohne Ort: Der Kommandant und der Navigator des britischen U-Boots *Umbra* 1943 am Kartentisch.

Ich sehe nichts als Löchlein von der Zirkelspitze im Netz der Quadrate. Zahlen und Linien – keine anderen Orientierungshilfen. Dem Kommandanten aber wachsen jetzt aus der blaugedruckten netzüberzogenen Fläche lebendige Bilder zu: Rauchfahnen hinter der Kimm, dünn und zerblasen, kaum auszumachen. Womöglich sieht er jetzt auch Decksaufbauten, Passagieraufbauten gar, Ladebäume, Schiffe mit großen Luken, Schiffe, deren Aufbauten nach achtern gerückt sind: Tanker. »Das ist doch eine elende Sauzucht, diese verdammte Gammelei!« Schließlich stemmt er sich mit einer gedehnten Bewegung wieder vom Kartentisch hoch, es sieht aus, als säße ihm ein Schmerz zwischen den Schulterblättern. Eine Weile starrt er noch unschlüssig aufs Kartenblatt, dann wirft er Lineal und Winkel hin, bläst die Luft von sich, macht eine fahrige Handbewegung, die Resignation bedeutet, und wendet sich mit einem plötzlichen Ruck vom Kartentisch ab nach vorn, steckt ein Bein durch den Kugelschottring, duckt den Körper nach und verschwindet in seine Ecke.

Lothar-Günther Buchheim: *Das Boot*, 8. Aufl., München, 1999.

THE SCHOONER »FLIGHT«

Derek Walcott

In einem von Walcotts bekanntesten Gedichten segelt der afro-karibische Erzähler Shabine auf dem Schoner Flight durch die postkoloniale Karibik. Auf seiner fluchtartigen Suche nach Zugehörigkeit holt ihn die Geschichte der Sklaverei als unauslöschliches Dilemma seiner Existenz ein. Nach einem lebensgefährlichen Sturm, in dem auch Shabines emotionale Turbulenzen kulminieren, beschwört er den Ozean als Verheißung von innerem Frieden, Lebensfreude und Zuversicht – und die Karte des Karibischen Meers als Türöffner zu neuen Möglichkeiten.

11 After the Storm

There's a fresh light that follows a storm
while the whole sea still havoc; in its bright wake
I saw the veiled face of Maria Concepcion
marrying the ocean, then drifting away
in the widening lace of her bridal train
with white gulls her bridesmaids, till she was gone.
I wanted nothing after that day.
Across my own face, like the face of the sun,
a light rain was falling, with the sea calm.

Fall gently, rain, on the sea's upturned face
like a girl showering; make these islands fresh
as Shabine once knew them! Let every trace,
every hot road, smell like clothes she just press
and sprinkle with drizzle. I finish dream;
whatever the rain wash and the sun iron:
the white clouds, the sea and sky with one seam,
is clothes enough for my nakedness.
Though my Flight never pass the incoming tide
of this inland sea beyond the loud reefs
of the final Bahamas, I am satisfied
if my hand gave voice to one people's grief.

Open the map. More islands there, man,
than peas on a tin plate, all different size,
one thousand in the Bahamas alone,
from mountains to low scrub with coral keys,
and from this bowsprit, I bless every town,
the blue smell of smoke in hills behind them,
and the one small road winding down them like twine
to the roofs below; I have only one theme:

The bowsprit, the arrow, the longing, the lunging heart –
the flight to a target whose aim we'll never know,
vain search for one island that heals with its harbor
and a guiltless horizon, where the almond's shadow
doesn't injure the sand. There are so many islands!
As many islands as the stars at night
on that branched tree from which meteors are shaken
like falling fruit around the schooner Flight.

But things must fall, and so it always was,
on one hand Venus, on the other Mars;
fall, and are one, just as this earth is one
island in archipelagoes of stars.
My first friend was the sea. Now, is my last.
I stop talking now. I work, then I read,
cotching under a lantern hooked to the mast.
I try to forget what happiness was,
and when that don't work, I study the stars.
Sometimes is just me, and the soft-scissored foam
as the deck turn white and the moon open
a cloud like a door, and the light over me
is a road in white moonlight taking me home.
Shabine sang to you from the depths of the sea.

11 Nach dem Sturm[10]

Es gibt ein neues Licht, das auf einen Sturm folgt
derweil die ganze See noch wütet; in ihrem leuchtenden Erwachen
sah ich das verhangene Gesicht von Maria Concepcion
sich mit dem Ozean vermählend, dann hinfort treibend
in der sich weitenden Spitze ihrer Brautschleppe
mit weißen Möwen ihre Brautjungfern, bis sie fort war.
Ich wollte nichts nach diesem Tag.
Über mein eigenes Gesicht, wie das Gesicht der Sonne,
fiel leichter Regen, mit der See ruhig.

Falle sanft, Regen, auf das aufwärts gewandte Gesicht der See
wie ein duschendes Mädchen; mach die Inseln frisch
wie Shabine sie einst kannte! Lass jede Spur,
jede heiße Straße, wie Kleider riechen, die sie gerade wringt,
und benetze mit Niesel. Ich beende das Träumen;
was immer der Regen wäscht und die Sonne bügelt:
die weißen Wolken, die See und der Himmel in einem Saum,
das kleidet meine Nacktheit genug.
Obwohl meine Flight die eintretende Flut nie durchfährt,
die der landeinwärtigen See jenseits der lauten Riffe
der äußersten Bahamas, bin ich zufrieden
wenn meine Hand eines Volkes Trauer Stimme gab.

Schlag die Karte auf. Mehr Inseln da, Mann,
als Erbsen auf einem Zinnteller, alle unterschiedlicher Größe,
eintausend allein in den Bahamas,
von Bergen zu tiefem Unterholz mit Koralleninseln,
und von diesem Bugspriet aus, preise ich jede Stadt,

10 Übersetzt von Paul
Skäbe und Felix Schürmann

der blaue Geruch des Rauchs in Bergen dahinter,
und die eine kleine Straße, die sich hinab windet wie Garn
zu den Dächern darunter; ich habe nur ein Motiv:

Das Bugspriet, der Pfeil, die Sehnsucht, das losstürzende Herz –
der Flug zu einem Ziel, dessen Zweck wir nie wissen werden,
vergebliche Suche nach einer Insel, die heilt mit ihrem Hafen,
und einem unschuldigen Horizont, wo der Schatten des Mandelbaums
den Sand nicht versehrt. Es gibt so viele Inseln!
So viele Inseln wie Sterne bei Nacht
auf dem verästelten Baum, von dem Meteore geschüttelt werden
wie fallende Früchte um den Schoner Flight.

Doch Dinge müssen fallen, und so war es stets,
auf der einen Seite Venus, auf der anderen Mars;
fallen, und sind eins, ebenso wie diese Welt eine
Insel ist in Archipelen von Sternen.
Mein erster Freund war die See. Nun ist sie mein letzter.
Ich höre jetzt auf zu sprechen. Ich arbeite, dann lese ich,
ruhend unter einer an den Mast gehakten Laterne.
Ich versuche, zu vergessen, was Fröhlichkeit war,
und wenn das nicht funktioniert, studiere ich die Sterne.
Manchmal bin nur ich es, und die sanft geschnittene Gischt,
wenn das Deck weiß wird und der Mond
eine Wolke öffnet wie eine Tür, und das Licht über mir
ist eine Straße in weißem Mondschein, die mich Heim bringt.
Shabine sang zu euch aus der Tiefe der See.

Derek Walcott: *The Schooner »Flight«*, in: Derek Walcott, Poems 1965–1980,
London, 1993.

Orientieren und ver(un)sichern

Von Selbstfindung und falschen Fährten

Elena Stirtz

Rechteckig und zuverlässig kommen sie daher, behaupten, in einer Sprache verfasst zu sein, die man wie jede andere lernen und lesen kann, und geben zugleich nützliche Übersetzungshilfen an die Hand – ein Dreieck ist ein Baum und Blau ist das Meer. Wenn gar nichts mehr hilft, weder das eigene Gespür noch die freundlich-hilflose Frage nach dem abhandengekommenen Weg, herangetragen an kundig dreinblickende Fremde, dann helfen – so die landläufige Meinung – Karten.

Sie vermögen eine in ihren Ausmaßen völlig *maßlose* Welt in ihre Schranken zu weisen, legen ein seriöses Koordinatennetz über all ihre Unebenheiten und nehmen jenen, die sich im Modell in ihr zurechtfinden wollen, die Entscheidung ab, was wichtig genug ist, um zu einem Piktogramm zu werden. Wohlig-warm ist das Gefühl, das sie hervorrufen, wenn Verwirrung und Verirrung den Weg versperren und sich oasengleich aus einem Gewirr von Linien ein roter Punkt erhebt, der dazu einlädt, sich mit ihm zu identifizieren: »Sie befinden sich hier«, und zugleich die Gewissheit einer Übereinstimmung, der Beweis, dass Mensch in die plane Kartenwelt hineinzufinden vermag, ein Versprechen, das sogar im Falle einer sinnlichen Verengung Bestand hat.

Denn auch mit einem Fokus, der nur selten über den Miniaturbildschirm eines portablen Technikwunders hinausgeht, erwartet man zu Recht, dass sich der auf selbigem entfaltende Raum mit dem Heben des Blicks bestätigt. Viel zu klein sind all die relevanten Alltagsausschnitte, deren Radius oftmals nur von Post, Supermarkt und Bushaltestelle bestimmt wird, als dass man sich etwa an der Mercator-Projektion und ihrem Mangel an Flächentreue stören würde. Nur allzu gern und allzu oft sieht man über all die kartographischen Ungenauigkeiten, Lücken und Verzerrungen hinweg.

Doch was passiert, wenn man den sicheren Ort roter Punkte und exakter Abgleiche verlässt, wenn man sich ohne eine Karte, die der eigenen Person Zugang gewährt, in Bewegung setzt, während sie als

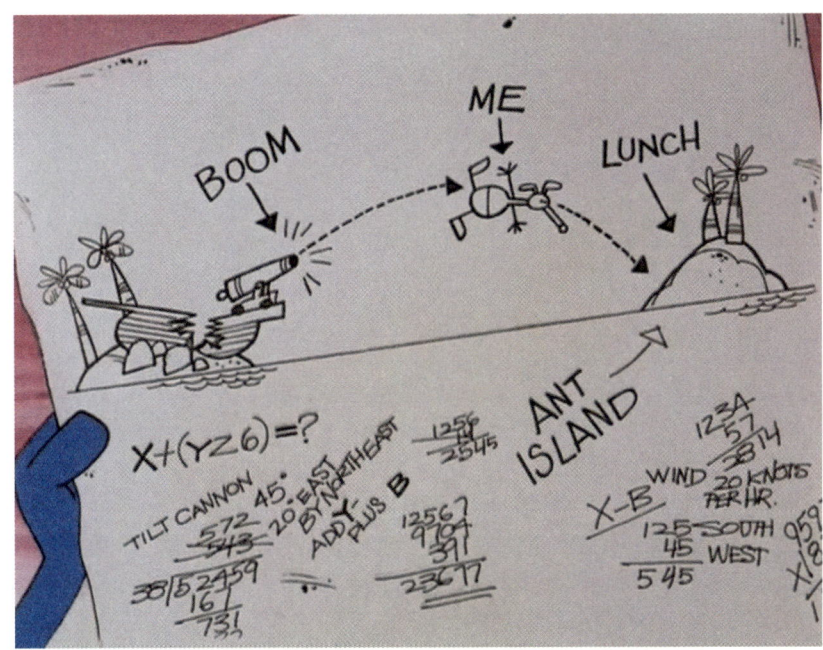

Standbild *einer* gelungenen Standortbestimmung zurückbleibt? Und was fängt man schließlich mit einem *Hier* an, das man nicht mitnehmen kann, das sich bei jedem Schritt ändert?

Denn um (langfristig) *in* die Karte zu gelangen, bedarf es eines fundamentalen Umdenkens, Umrechnens, Umorientierens. Selbst Zeichentrickfiguren, die ebenso zweidimensional wie Karten sind und die sich – so die naheliegende Überlegung – dieses Merkmal zunutze machen und ohne Umwege ihre eigenen Raumskizzen und Kartenentwürfe begehen könnten, scheitern oftmals an zu vielen unbekannten Variablen und an Meeren, die zu groß sind, um ihnen auf dem Papier beizukommen. Aber auch als Nicht-Zeichentrickfigur muss man die Dreidimensionalität, in der man sich sicher wähnte, die aufgebläht die eigenen *Vorsprünge* umhüllte, zugunsten eines flachen Weltausschnitts aufgeben, sich hineindenken in ein Stück Papier oder ein Stück Computerbildschirm. Gelingt dieser Übergang nicht, wird schnell deutlich, dass es nicht um simple Entsprechungen geht, dass ein × auf der Karte sich kaum auf der echten, begehbaren Straße wiederfinden wird. Denn dass die Karte nicht das Territorium *ist*, das sie repräsentiert, ist in der Tat kein neuer Gedanke.

Wendet man sich zudem vom Urbanen ab und dem Marinen zu und fehlen auf einmal städtische Hinweisgeber (etwa in Form von Straßennamen und -ecken und -schildern) – oder allgemeiner: terrestrische

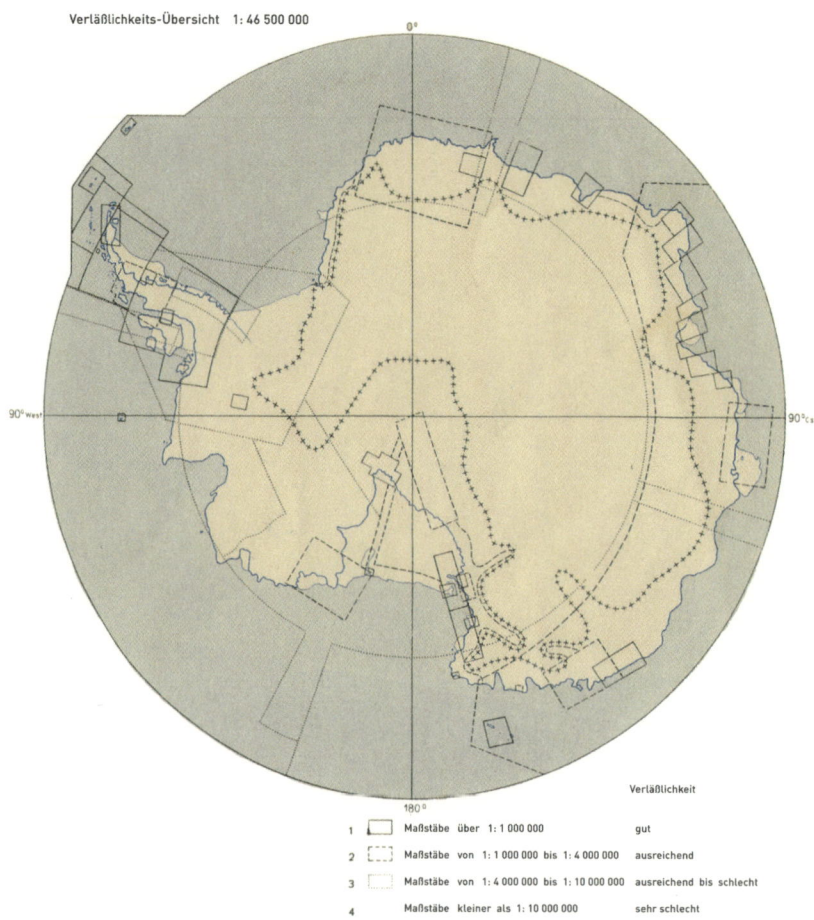

Verläßlichkeits-Übersicht   1 : 46 500 000

0°

90° West

90° Ost

180°

Verläßlichkeit

1 Maßstäbe über 1 : 1 000 000   gut

2 Maßstäbe von 1 : 1 000 000 bis 1 : 4 000 000   ausreichend

3 Maßstäbe von 1 : 4 000 000 bis 1 : 10 000 000   ausreichend bis schlecht

4 Maßstäbe kleiner als 1 : 10 000 000   sehr schlecht

5 Keine Unterlagen

Der Blick auf diese Übersicht vermag das in Karten gesetzte Vertrauen durchaus zu erschüttern. Deutlich wird, dass Maßstäbe trügerisch und Karten daher mit Vorsicht zu genießen sind.

Zeichen, an denen man sich orientieren könnte –, fehlt schlichtweg eine solide und Halt versprechende zivilisatorische Durchtränkung, stellt man fest, dass es sich auf offener See wohl am allerbesten verlorengehen lässt. Und wenn dann sogar Karten selbst bereitwillig ihre Unzulänglichkeiten auszubreiten beginnen, ist Verunsicherung im Zuge eines plötzlich schwankenden Weltgefüges nur allzu verständlich. Auch ohne den Fokus auf wässrige Gefilde zu legen, verweisen sie auf ihre eigenen Grenzen, schmücken ihre Ränder zuweilen mit Aussagen über die Verlässlichkeit von Maßstäben, lassen die Skala dabei von »gut« bis »sehr schlecht« reichen und pendeln sich, was ihre *eigene* durchschnittliche Verlässlichkeit angeht – denn sie unterliegen Maßstäben, und sowohl Maßstäbe als auch Projektionen sind stets Zugeständnisse (S. 70) – nicht allzu solide bei (etwas schlechter als) »ausreichend« ein.

Gehen nun Karte und Meer eine Verbindung ein, so häufen sich unversehens weite, unvermessene Großflächen, enden klar ab-

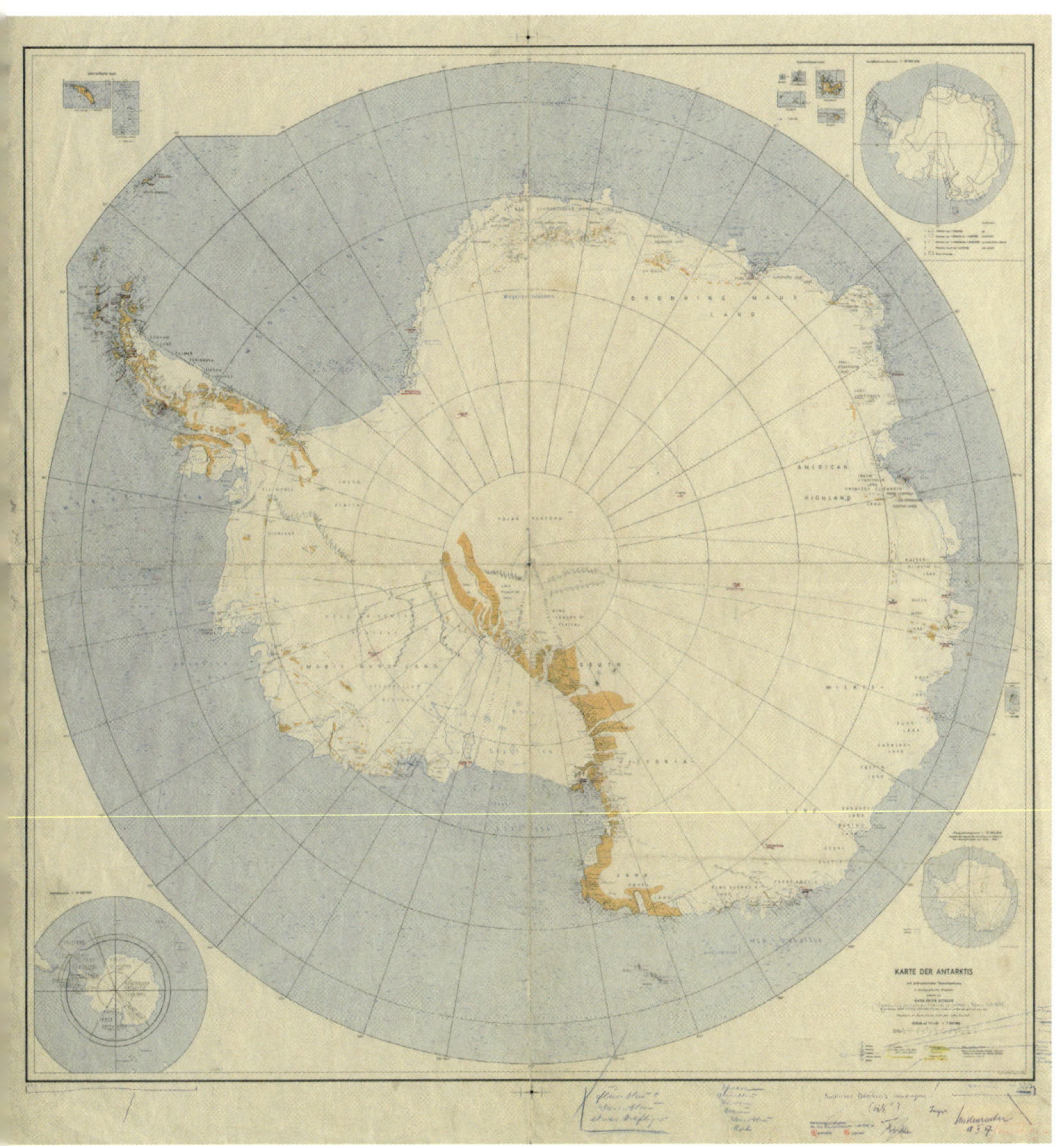

Das, was sich hier als *Karte der Antarktis* präsentiert, erweist sich zum größten Teil als »weißer Fleck«, für dessen Erschließung und Kartierung zum Zeitpunkt der Erstellung (1956) keine Daten vorlagen.

gegrenzte Räume und ebben Indizien für eine Strukturierung ausladender Wasserflächen rigoros ab. Auch Inseln als vermeintliche Anhaltspunkte inmitten der immerblauen Weite müssen keineswegs kokosnussgeschmückt auf all jene warten, die schon seit Kindertagen aus einem Wust von Habseligkeiten drei Dinge ausgewählt haben, die sie unter der Sonne als Mittel gegen die Einsamkeit hin und her zu wenden gedenken. Ebenso können die Eilande nämlich zu falsch eingetragenen, falsch gesehenen, ja falsch verstandenen Phantomen werden (S. 130), ausgesandt von den Launen der Wettergötter oder gar – schicksalhaft, höhnisch – vom Meer selbst, das keine Menschen duldet.

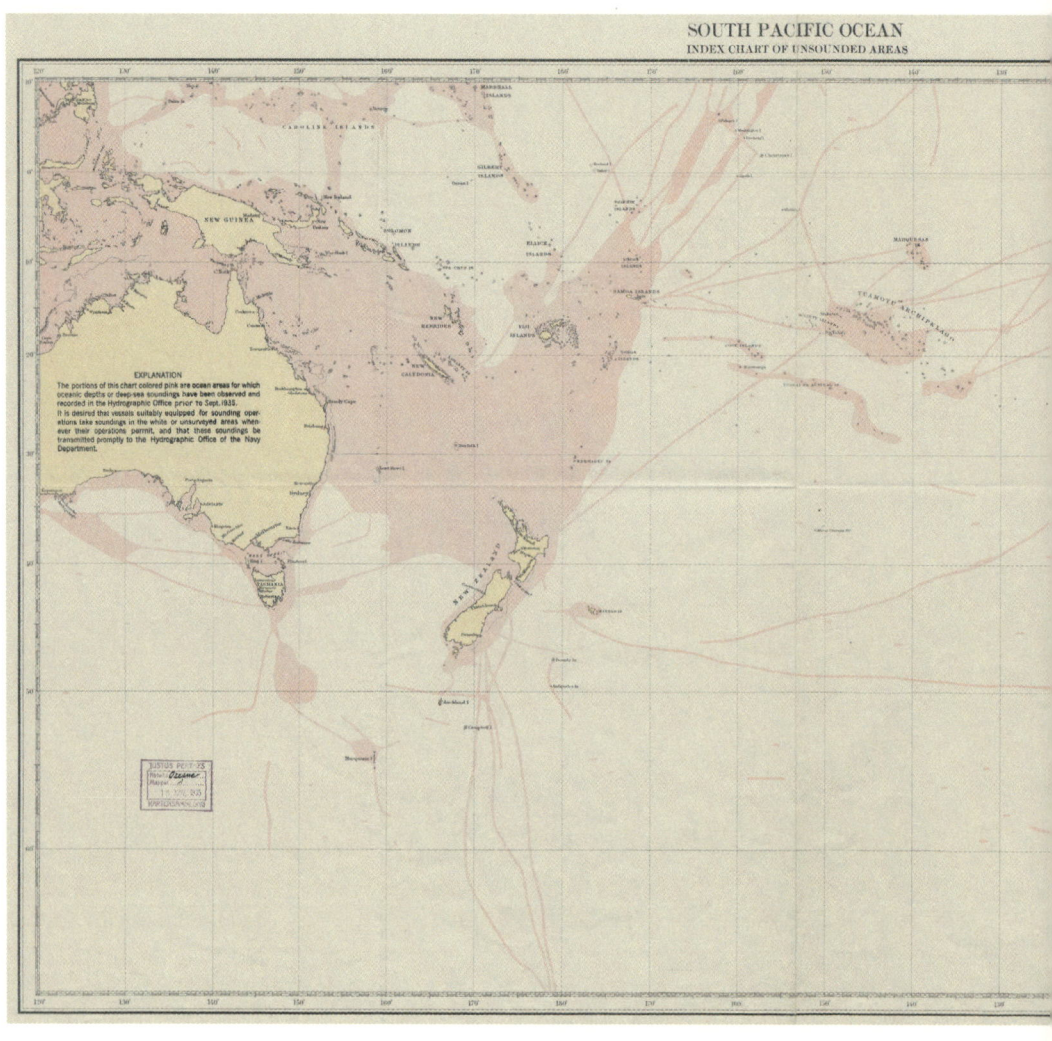

EXPLANATION
The portions of this chart colored pink are ocean areas for which oceanic depths or deep-sea soundings have been observed and recorded in the Hydrographic Office prior to Sept. 1935.
It is desired that vessels suitably equipped for sounding operations take soundings in the white or unsurveyed areas whenever their operations permit, and that these soundings be transmitted promptly to the Hydrographic Office of the Navy Department.

Wenn das Meer ins Zentrum rückt, offenbaren sich Naturräume, die sich einer vollständigen Erfassung zu entziehen scheinen, zeichnen sie sich immerhin nicht nur durch eine schier unendliche Ausdehnung auf der x- und y-Achse aus, sondern verfügen außerdem über die zusätzliche Dimension der Tiefe – eine weitere potenzielle Leerstelle, die besonders anfällig für lückenhaftes Wissen ist. Denn ozeanische Abgründe sträuben sich gegen eine Begehung, versuchen sich durch ihren Status des Unbekannten zu schützen, durch Dunkelheit und Druck, der Trommelfelle und Eroberungsphantasien zum Platzen zu bringen vermag. Es erweckt den Anschein, als gelte es, die unergründlichen Tiefen gerade deshalb menschseitig zu besetzen.

Doch allen Besiedlungswünschen und Erkundungsbestrebungen zum Trotz wissen jene mit Wasser gefüllten Weltkrater nach wie vor allerlei Geheimnisse zu bergen. Deutlich wird dies, sobald man all der

»ERLÄUTERUNG:
Bei den rosa eingefärbten Teilen dieser Karte handelt es sich um Ozeangebiete, für die vor September 1935 Tiefenmessungen vorgenommen und im Hydrographischen Amt registriert wurden. Es wird darum gebeten, dass Schiffe, die für

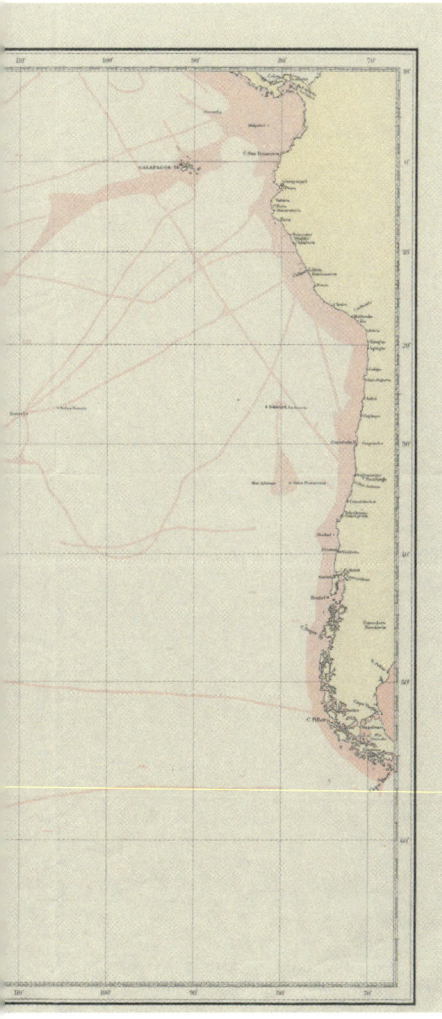

Fragezeichen, die Karten ohne Scham auf der Haut tragen, oder der vereinzelten blassrosa Linien gewahr wird, die an die Spuren tintengetränkter Ameisen erinnern und sich zuweilen als Anzeiger bereits vermessener Gebiete geradezu *vermessen* den um ein Vielfaches größeren weißen Flächen des Unwissens entgegenstellen. Auch die in Karten eingeflochtenen Aufforderungen, mithilfe eigener Entdeckungsreisen und Messungen eine Einfärbung besagter Weiße zu ermöglichen, könnten fraglos als geschicktes Manöver gewertet und entsprechend gewürdigt werden – denn das Wissen um Nichtwissen klingt nach mehr Wissen als das völlige Unwissen darüber, was man nicht oder dass man nichts weiß. Jedoch täuscht das nicht darüber hinweg, dass der Wunsch, jeden Punkt auf der Welt zu besetzen, mit dem Fuß und anschließend in wissender Überheblichkeit mit dem Finger auf der Karte zu berühren, einer Anmaßung und Unmöglichkeit gleichkommt, und es wird zumindest in Ansätzen begreiflich, wie zahlreich besagte Geheimnisse wirklich sein könnten, wie viele von ihnen sich womöglich unter dem enormen Gewicht des Meeres verbergen.

Selbst ausgewiesene Phantasiereisen (S. 71–74) unterschlagen, obwohl sie sich die Möglichkeitenräume von naturgemäß zu Freigiebigkeit neigenden Träumen zunutze machen könnten, die Erreichung tiefster Tiefen. Stattdessen rechnen sie, wenn es in einem mit allen technischen Finessen ausgestatteten Taucheranzug hinabgeht, in Hochhausgrößen und lassen ihre Helden der eigens hervorgehobenen metrischen Vierstelligkeit ozeanischer Tiefen nur kurze Höflichkeitsbesuche abstatten. Als Entgegenkommen für die Landbewohner befreien sie sogar einzelne Bereiche *unter* Wasser *vom* Wasser (S. 72), projizieren im Grunde die oberhalb des Meeresspiegels liegende Welt in die Tiefe, weil sich ein alternatives, ein *anderes* Leben auf dem Meeresgrund an den Rändern der Vorstellbarkeit stößt. Doch auch das Heraufbeschwören des Bekannten inmitten des Unbekannten kündet vom Reiz einer fremden Tiefe – ohne die Gefahr des Gefundenwerdens und ohne die Möglichkeit eines Auswegs. Denn Positionsbe-

solche Lotungsarbeiten entsprechend ausgerüstet sind, in den weißen bzw. nicht vermessenen Gebieten Lotungen vornehmen, wann immer es ihre Arbeit an Bord zulässt, und dass diese Messungen unverzüglich an das Hydrographische Amt des Marineministeriums übermittelt werden.«

Mehr als zwei Meter Breite misst dieses metallene Prunkstück, das auf repräsentative Weise tausend Jahre Nordatlantikverkehr in sechs Routen zusammenfasst – eine Karte, die beeindrucken, geradezu prahlen will.

Ein großformatiges Plakat wirbt mit einem Meer, das sich dem Massentourismus der Zeit fügt. Dabei steuert ein Schiff, das sich jedem Maßstab widersetzt, den ikonischen Umriss von Malt an und lässt echte Entfernungen schrumpfen. Abgebildet wird nur das Ziel, keine Route – gleichsam als wäre man schon da, begibt man sich nur in die vertrauensvollen Hände der HAPAG.

stimmungen unter Wasser sind, obwohl man der Materie so nah wie nur irgend möglich kommt, kaum möglich, der eigene Standort ist immerfort vom Himmel und Sterne abschirmenden Wasser umspült, getrübt, verdeckt.

Verunsicherung im Zuge ozeanischer Weiten und Tiefen vermag sich jedoch auch abseits selbiger einzustellen. Zuweilen ist sie sogar – aus der Ferne betrachtet – imstande, die Sehnsucht nach einer Heimat zu speisen, die eine nur vermeintliche Dorfidylle samt ihren Bewohnern voller Unverständnis für einen Blick hinaus in die Welt nicht bieten kann. Nahe liegt dann, wenn schon der Ort, der aus Zufall zu einem Zuhause geworden ist, nicht naheliegt und jede Selbstverortung verwehrt, eine Flucht in Papierwelten, der Aufbruch in See- und Landschaften zweiten Grades, zu sagenumwobenen Inseln und imaginierten Abenteuern, die als Leihgabe in Kioskregalen ausharren, bis die unverkaufte Hochglanzexotik ferner Länder verpackt und an den Großhändler zurückgeschickt wird (S. 75–78) – ein modellhaftes Erleben auf Zeit, und zurück bleibt die Gewissheit, dass es, um verloren zu gehen, keiner Fremde bedarf.

Ohnehin scheinen nicht einmal mehr Meere – zumindest, wenn man sich mit ihrer Oberfläche begnügt – ein nennenswertes Hindernis darzustellen. Sie sind plötzlich erforscht, überwindbar, nur ein weiterer möglicher Reiseweg, und die sie auf dem Papier kreuzenden Linien machen den Eindruck, als wären sie schon immer da gewesen, und nicht etwa, als würden sie nur vom Wasser befreite Meeresrepräsentationen schmücken. Stilisierte Schiffe und Flugzeuge – nunmehr überproportional groß – überwinden vergleichsweise winzig-kleine Ozeangiganten.

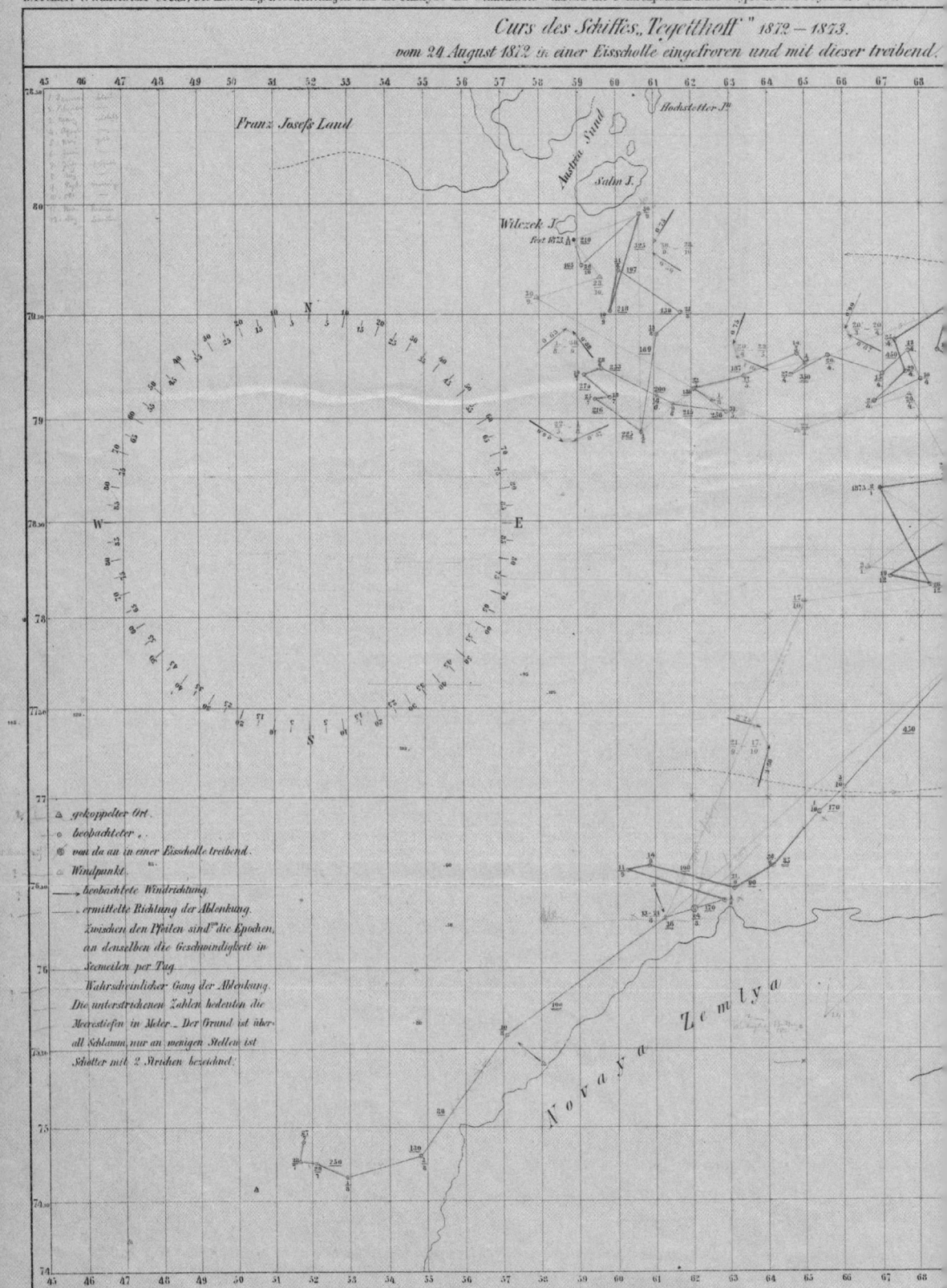

Curs des Schiffes „Tegetthoff" 1872 – 1873.
vom 24. August 1872 in einer Eisscholle eingefroren und mit dieser treibend.

Franz Josefs Land

Austria Sund

Hochstetter J.

Salm J.

Wilczek J.
Fest 1873.

△ gekoppelter Ort.
○ beobachteter .
◎ von da an in einer Eisscholle treibend.
⊙ Windpunkt.
⸺ beobachtete Windrichtung.
- - - ermittelte Richtung der Ablenkung.
Zwischen den Pfeilen sind die Epochen,
an denselben die Geschwindigkeit in
Seemeilen per Tag.
Wahrscheinlicher Gang der Ablenkung.
Die unterstrichenen Zahlen bedeuten die
Meerestiefen in Meter . Der Grund ist über-
all Schlamm, nur an wenigen Stellen ist
Schotter mit 2 Strichen bezeichnet.

Nova ya   *Zemlya*

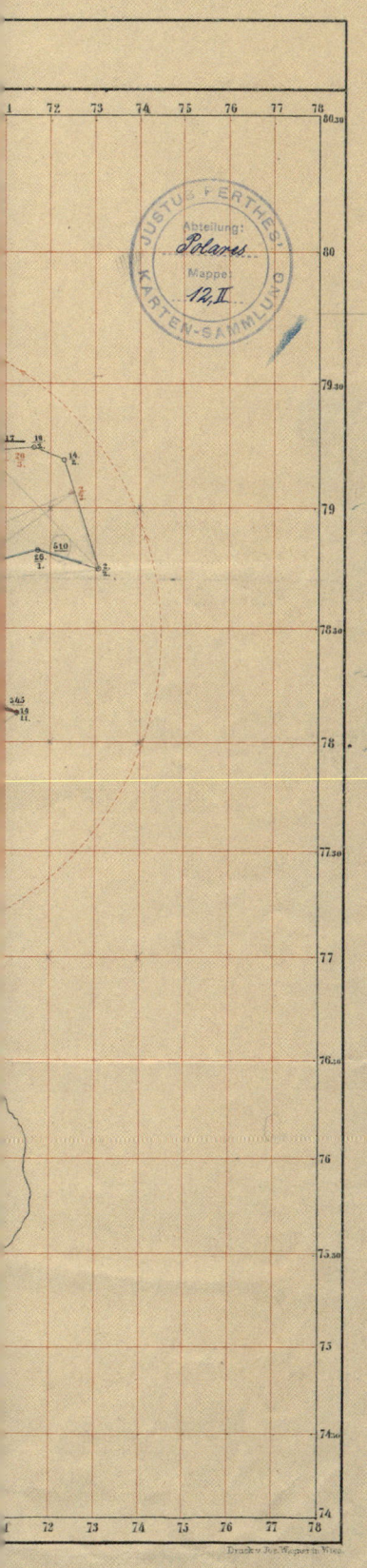

Auch wenn es darum geht, lebensbedingte Verunsicherung und Instabilität zu relativieren, kann durchaus Kartographie als Erdung fungieren – sei es in Form einer Weltkarte am Flughafen, die zum Ausgangspunkt für eine Phantasiereise wird und dabei hilft, die kindliche Langeweile im Zuge der sich naturgemäß dehnenden Zeit des Wartens in ihre Schranken zu weisen, sie mit einem Hauch von Abenteuer zu spicken (S. 79–81), oder aber in einem Moment drohenden Unglücks, wenn die Kartierung und Vermessung aus eigener Hand dem Gefühl des Ungefähren, des Dahintreibens (S. 82–83), des Einbüßens jeder Kontrolle entgegenwirken, wenn der amorphe, sich ständig in Bewegung befindliche und keine Verankerung zulassende Raum des Meeres durch systematische Erfassung weniger beängstigend erscheint. In beiden Fällen fungiert *Mapping* – das Hinzufügen eigener Routen (S. 68/69) oder das *Überhaupt-erst-Erfassen* des Umgebenden – als Halt, als Mechanismus der Alltags- und Traumabewältigung. Denn all das, was sich der Flüchtigkeit des Lebens entreißen und in die Sicherheit des Karopapiers hinüberretten, sich in akkurate Planquadrate übersetzen lässt, ist zugleich weniger bedrohlich.

Wenn aber auch das nicht hilft gegen Überdruss und Weltschmerz, ist es vielleicht tatsächlich eine leere Karte auf offener See ohne störende Linien oder Kreuze für vergrabene Goldschätze (S. 84–85 und S. 4), die die euphorischen Jubelrufe der Schiffsbesatzung angesichts eines solch grandiosen kartographischen Erzeugnisses verdient, die nicht dazu verpflichtet, vorgezeichneten Routen zu folgen, sich nicht anmaßt, die Welt zu kopieren, sondern den Menschen darin ein wenig Platz einräumt.

Der Zickzackkurs der *Tegetthoff*, »in einer Eisscholle eingefroren und mit dieser treibend«, berichtet vom Verlust menschlicher Kontrolle. Jedoch gibt hier nicht der Zufall den Weg vor, vielmehr werden Strömungen zu den kursbestimmenden Akteuren, die ein solch unstetes Bewegungsmuster hervorbringen.

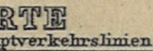

Ein erfreulicher Zufallsfund: Ein Exemplar des *See-Atlas* von 1894 offenbart handschriftliche Hinterlassenschaften, unter anderem eine rot eingezeichnete Route, die auf der *Weltkarte* dieses Westentaschenbegleiters viele Jahre überstanden hat. Unklar bleibt, ob es sich dabei um eine tatsächlich unternommene Reise oder um eine Fingerreise im heimischen Lehnstuhl gehandelt hat.

Sturmsignale

I. des internationalen Signal-Codexes:

- ▲ *mäßiger,* ▲ *schwerer Sturm aus Nord-West*
- ▲ *mäßiger,* ▲ *schwerer Sturm aus Nord-Ost*
- ▼ *mäßiger,* ▼ *schwerer Sturm aus Süd-West*
- ▼ *mäßiger,* ▼ *schwerer Sturm aus Süd-Ost*

II. der Atlantischen u. Golfküste d. Verein. Staaten:

- *Nordwestliche Winde*   *Nordöstliche Winde*
- *Südwestliche Winde*   *Südöstliche Winde*

▽ *Informations-Signal bedeutet einen Sturm von beschränktem Umfang, gefährlich für gewisse Punkte.*

PERTHES.

Sylvie und Bruno

Lewis Carroll

Ein Reisender aus einem fernen Land, von dem Geheimnisvolles ausgeht und der lediglich als »Mein Herr« auftritt, erzählt bei einer Abendveranstaltung von den eigentümlichen Erfindungen, die in seiner Heimat hervorgebracht worden sind: Menschen, die leichter als Wasser sind, selbstgehende Gehstöcke, Verpackungsmaterial, das leichter als Luft ist und die Post dazu verpflichtet, jene, die ein Paket aufgeben, zu bezahlen, und schließlich die Karte im Maßstab 1:1.

»Wie nützlich doch so ein Faltplan ist!« bemerkte ich.

»Das haben wir ebenfalls von Ihrem Volk gelernt«, gestand Mein Herr, »das Herstellen von Karten. Aber wir haben es viel konsequenter getrieben als Sie. Was halten Sie für die größte noch brauchbare Karte?«

»Die im Maßstab eins zu zehntausend, also zehn Zentimeter für einen Kilometer.«

»Nur zehn Zentimeter!« wunderte sich Mein Herr. »Wir waren schon bald auf zehn Meter für einen Kilometer. Dann haben wir es mit hundert Metern für einen Kilometer versucht. Und dann kam uns die allergroßartigste Idee! Wir haben wahrhaftig eine Karte im Maßstab eins zu eins von unserem Land gezeichnet!«

»Haben Sie sie schon oft gebraucht?« verlangte ich zu wissen.

»Sie ist bisher noch nie entfaltet worden«, bekannte Mein Herr. »Die Bauern haben dagegen protestiert: sie haben behauptet, das ganze Land würde zugedeckt und die Sonne ausgesperrt! Deshalb benutzen wir jetzt das Land selbst als Karte, und ich kann Ihnen versichern, das ist fast genauso gut […].«

Lewis Carroll: *Sylvie & Bruno. Die Geschichte einer Liebe,* in: Das literarische Gesamtwerk, Übersetzung von Dieter Stündel, Frankfurt am Main 1998, S. 377.

DIE ANSIEDELUNG AUF DEM MEERESGRUNDE

Robert Kraft

Es ist in der Tat eine Fee, die das Phantastische dieser Geschichte plausibel macht und Richard, einem gelähmten Jungen, jede Nacht die Verwirklichung seiner Wünsche im Traum ermöglicht. Etwas unkonventionell folgt nun die Vorwegnahme der Pointe: die Entdeckung einer von Menschen bewohnten Unterwasserstadt, die titelgebende Ansiedlung auf dem Grund des Meeres, der wachsende Überdruss, das Gefühl, die eigene Freiheit eingebüßt zu haben, die Flucht und der Tod – freilich nur im Traum. Stattdessen: die Vorüberlegungen, die zurechtgelegte Technik und ein Blick in die Zukunft aus einer Perspektive des Jahres 1901.

»Die Wunder der Meerestiefe möchte ich einmal schauen,« sagte Richard vor dem Schlafengehen. »Der Wunsch steht mir zwar frei, mich im Wasser, in jeder Tiefe wie an der Erdoberfläche bewegen zu können und meine Lungen in Kiemen zu verwandeln, aber das will ich nicht. Das ist unnatürlich. Solche Sachen begreift man oft sogar im Traume nicht und wundert sich dann darüber, wie ich schon in früheren Träumen manchmal bemerkt habe. Ich will mich daher nur an Möglichkeiten halten, wenn die Phantasie sonst auch noch so kühn arbeitet. So wünsche ich mir also ein Taucherkostüm, von dem ich annehme, daß ich es selbst erfunden und hergestellt habe, und das allen Anforderungen der Situation entspricht, in die mich die Phantasie versetzen wird.«

Nachdem er eingeschlafen war, erwachte er scheinbar, verließ im Nachtgewande das Bett, öffnete die geheimnisvolle Kammerthür, und – vor ihm lag der blaue Spiegel des Meeres, erstreckte sich zu seinen Füßen, von der Kammerthürschwelle ausgehend, eine kurze Plattform aus Holz oder vielleicht auch ein schwimmendes Floß, das ihn zum Betreten einlud. Gleich darauf, und zwar gerade in dem Augenblicke, als er die Schwelle überschritt, ging die Verwandlung mit ihm selbst vor sich und umgab ihn statt des Nachthemdes ein Taucherkostüm, dessen einzelne

Auch Videospiele wie *BioShock*, die über 100 Jahre nach Richards Träumereien rund um eine Ansiedlung auf dem Meeresgrund entwickelt wurden, sehen menschliches Leben unter Wasser offenbar nicht vor. Kolossale Statuen versuchen darüber hinwegzutäuschen, dass es überall tropft, dass das Meer einzudringen versucht und den vom Wasser »bereinigten« Raum mit (Nach-)Druck zurückfordert.

Vorrichtungen ihm sofort bekannt schienen, ebenso wie er auch sofort eine Idee von ihrer Leistungsfähigkeit hatte und sehr wohl imstande zu sein glaubte, die Instrumente zu beobachten und die Sicherungen zu handhaben. Kurz und gut, nichts dünkte ihm an seinem Taucherkostüme fremd.

Dabei war Richard sich nicht im geringsten bewußt, nur zu träumen. Von jetzt an war für ihn alles reelle Wirklichkeit.

Das Gewand, in dem er steckte, war also ein Taucherkostüm, bestehend aus einem wasserdichten Anzuge, einem großen Helme mit Augenfenstern; die Füße aber waren mit dicken Bleisohlen beschwert.

Luft brauchte ihm von oben durch eine Pumpe nicht zugeführt zu werden, wie es bei alten Taucherapparaten der Fall ist, die vermutlich schon in einigen Jahren in die Rumpelkammer kommen werden. Sein Kostüm war ein derartiges, daß der Taucher den für viele Stunden reichenden Luftvorrat komprimiert in einer Art von Tornister auf dem Rücken mit sich in die Tiefe nahm, von dem zwei Schläuche ausgingen, die ihn mit dem Glockenhelme verbanden, während ein Mechanismus die Zuführung regulierte, die bei zunehmender Tiefe immer geändert werden mußte, und für die Ausstoßung der ausgeatmeten Luft durch ein Ventil sorgte. Derartige Apparate werden immer vollkommener konstruiert, und auch Richard besaß einen solchen von höchster Vollkommenheit.

An seinem Gürtel hing eine Lampe, die durch Elektricität gespeist wurde, ein Kompaß, ein Tiefenmesser und andere Instrumente, die den heutigen Tauchern ganz unbekannt sind und die er erst probieren wollte, wie denn auch sein Helm mit einer ganz besonderen Art von Telephon ausgestattet war.

Ein Telephon besitzen heutzutage allerdings auch alle anderen modernen Taucheranzüge, zum Beispiel die der Marine, und zwar befindet sich die Vibrane, mit der man hört, seitwärts am Ohre, und man braucht den Kopf nur ein wenig dorthin zu wenden, so erreicht der Mund das Sprechstück. Da nun isolierte Kupferdrähte, wie bei jedem anderen Telephon, die Verbindung vermitteln, so kann der Taucher sich immer mit den oben Befindlichen unterhalten, Anweisungen empfangen und Mitteilungen machen.

Sonst war er noch mit einem Messer, einem Axthammer und einer elektrische Glaskugeln schießenden Pistole mit sehr langem Laufe bewaffnet, deren Wirksamkeit unter Wasser er gleichfalls zu probieren gedachte.

Doch bevor wir in unserer Schilderung fortfahren, wollen wir zunächst eine Frage an unsere lieben Leser richten. Wie tief kann ein Taucher eigentlich dringen? Die Antwort darauf ist, nicht tiefer als 40 Meter, und dabei setzt er sich schon einem kolossalen Drucke und sein Leben also einer großen Gefahr aus. Allerdings sind auch Fälle vorgekommen, daß Taucher in Tiefen von 50 und noch etwas mehr Metern stiegen und lebendig wieder heraufkamen, aber das waren leichtsinnige Wagehälse, die mehr auf ihre robusten Naturen, als auf die Berechnungen der Physiker bauten und ihr Wagnis daher fast immer mit lebenslangem Siechtum büßten, wenn sie nicht schon, gleich nachdem sie, ganz schwarz im Gesicht, wieder an der Oberfläche des Wassers angelangt waren, von einem Schlaganfalle getroffen wurden.

Dem Hinabsteigen ins Wasser sind eben Grenzen gesetzt, aber, wie wir vorsichtig hinzusetzen wollen, nur vorläufig, denn diese Grenzen werden sich, je mehr sich die Taucherapparate vervollkommnen, doch immer mehr nach unten [...] erweitern. Heutzutage scheitern die Versuche, persönlich in große Tiefen zu dringen, noch an einem geeigneten Bekleidungsmateriale. Der Druck nach unten nimmt nämlich konstant zu, und es ist bisher noch keine Bekleidung erfunden worden, die den Körper vor diesem schützte.

Es sind Meerestiefen von über 6.000 Metern gemessen worden, und im Gegensatze dazu haben vierzig Meter also nicht viel zu sagen. Dennoch sind auch sie schon eine ganz respektable Tiefe. Ein fünfstöckiges Haus ist ungefähr 20 Meter hoch. Man denke sich zwei solche, doch bereits sehr hohe Häuser übereinander, und man kann sich ungefähr ein Bild machen, in welcher Tiefe unter dem Meeresspiegel sich der Taucher befindet und arbeitet.

Richard aber hatte das Problem des widerstandsfähigen Taucheranzuges gelöst, obgleich dieser auch bei ihm nur aus einem ganz geschmeidigen Stoffe bestand. Je tiefer er stieg, desto mehr nahm, konstant mit dem größeren Drucke, die Widerstandsfähigkeit zu. Dasselbe galt von dem Glockenhelme. Und da auch seine Hände mit Handschuhen aus diesem Stoffe bedeckt waren, gab es für ihn überhaupt keine unerreichbare Tiefe. Wir würden gern noch mehr von seiner wunderbaren Erfindung erzählen, aber Richard hielt dieselbe so geheim, daß er sie nicht einmal als Patent angemeldet hatte. Daher dürfen wir sein Geheimnis auch nicht verraten.

Robert Kraft: *Die Ansiedelung auf dem Meeresgrunde*, Dresden 1901, S. 1–4.

Karnstedt verschwindet

Alexander Häusser

Unerwartet wird Simon nach Dänemark beordert, um nach mehr als zwanzig Jahren der Entfremdung die weltlichen Hinterlassenschaften seines Jugendfreundes Karnstedt zu verwalten. Karnstedt ist verschwunden. Was Simon hingegen findet, sind Manuskripte, in denen von rätselhaften Inseln berichtet wird, verschollen geglaubte Geheimnisse, aber auch die Erinnerung an eine Freundschaft und den lange vergessenen Traum nach Welt.

Ich breitete noch die Arme aus, aber ich konnte die Lawine nicht aufhalten. Die ganze Welt brach aus dem Kasten. Die Stapel rutschten, prasselten und donnerten auf mich herab, als würde mit den Zeitschriften und Magazinen auch das ganze unsägliche Haus, von dreihundert Jahren niedergedrückt und verbogen, endgültig über mir zusammenbrechen.

Roofs of the World, *Sea Diver*, *National Geographic*. Aufgeplatzte Päckchen ganzer Jahrgänge. Der Fußboden war übersät mit Bildern, Entdeckungen und Abenteuern. Eine Welt ohne Gesichter, ohne Worte. Eine Welt so einsam und unerreichbar schön, dass man an ihre Existenz nicht glauben würde, hätte man die Bilder nicht vor Augen.

Ich ging auf die Knie. Eine Sammelmappe hatte meinen Fuß getroffen, vor Schmerz tränten mir die Augen. Ich zog meinen Schuh von dem anschwellenden Gelenk und sah um mich.

In den aufgeschlagenen Magazinen öffneten sich Lagunen, endlose Urwälder, über deren Blätterdächern Helikopter kreisten, Netze im Schlepptau, um Insekten und Vögel zu fangen. Fremdartige Tiere, die nur in den Wipfeln der Bäume lebten. Bilder von Universen, geschichtet aus tausenden von Ober-Zwischen-Unterwelten.

Mein Blick fiel auf den Rücken einer Zeitschriftenmappe. Ein von Karnstedt beschriftetes Etikett klebte darauf: *Henderson Island*.

Ich vergaß zu atmen.

Karnstedt hat die Magazine gesammelt. Wer weiß, wann er damit begonnen hatte und wie lange. Jahrzehnte. Damals konnten wir sie uns nicht leisten. Sie standen im Regal, aufrecht und stolz, abseits vom Klatsch und Tratsch, den Rätselheften und der Lotto-Toto-Theke. Nur zur Ansicht hatte sie Mutter in den Laden genommen – für Karnstedt und mich. In der Bergstraße bedeuteten diese fremden Welten nichts. Für das kleine Leben waren sie viel zu groß. Aber Karnstedt und mich hatten sie erhoben – über die Grenzen der Straße und Stadt und das eigene mickrige Leben. Wir fanden unsere eigenen Orte. In Mutters Laden. Weit entfernt von den Männern, die sich dort tagaus, tagein trafen, fette Druckerschwärze an den Fingern. Wir rochen ihren Atem nicht, hörten nicht auf ihre Meinungen über eine Welt, die sie, auf billigem Papier gedruckt, in ihre speckigen Aktentaschen stecken konnten. Mutter lächelte, blinzelte ab und zu verstohlen zu uns herüber, und manchmal seufzte sie, als hätten sich die Welten, die wir mit glänzenden Augen in unseren Händen hielten, für sie längst erledigt. Als lebten wir für eine große Liebe, für die man jung sein muss und schlank, und der sie in ihrem Leben nie begegnet war.

Am fünfzehnten jeden Monats schnürte sie die Hefte im Laden zu einem Päckchen zusammen und schickte sie an den Großhändler zurück, ohne je eines zu verkaufen. Dann kamen die nächsten. Unsere Leidenschaft sollte nicht vergehen, für uns war es noch nicht zu spät. Wir gingen ins Gymnasium, würden studieren. Wir würden die Welt bereisen und uns einen Namen machen. Die Bergstraße spielte jetzt schon keine Rolle mehr in unserem Leben, wir waren längst weg –

blickten empor zu steil aufragenden Kalksteinklippen, folgten den Vögeln, die den Felskranz umflogen, stürzten zum Meer, glitten über das dichte buschige Grün der Insel, um darin zu verschwinden.

Karnstedts Blätter (ohne Datierung)

The Mystery of the Henderson Skeletons

Die Insel wollte die Männer nicht. Sie war kein Platz für Menschen.

Dem Meer hatte sie gehört, 350.000 Jahre lang, bis sie sich unter Beben aus dem Pazifik gehoben, die spitzzackigen Korallen ins Licht gestreckt hatte – zwanzig, dreißig Fuß in den Himmel. Scharfkantiger Kalk, an dem das Wasser abfloss. Blendend weiß ragten die Klippen in den Himmel; ein Monument, ein Angebot. Regen und Stürme wuschen sie vom Salz frei, die Brandung zerrieb die Korallen zu Sand. Die Insel wurde sich ihrer neuen Bedeutung bewusst. In ihren Tiefen sammelte sie Regenwasser.

Pflanzen und Vögel kamen. Von weither gegen Wind und Strömung. Blumen und Gräser. Tropik- und Fregattvögel. Die Insel ließ es sich gefallen. Die Vögel waren leicht – der Wind konnte ihre Schreie tragen – und sie kamen aus Schalen, schlüpften aus Kalk, was ihr gefiel.

Sie gab den Vögeln Raum, nahm sie als Fische des Himmels, zu dem sie jetzt gehörte – ein Stück weit. Auch die gefleckten Steine duldete sie. Vom Meer angespült schoben sie sich unbemerkt weiter ins Land, legten Eier wie die Vögel. Stumme, flügellose Geschöpfe, gepanzert und in ihrer Art älter als die Insel selbst.

Die Insel erfüllte ihre Aufgabe. Millionen von Tagen und Nächten lang. Menschen waren nicht vorgesehen. Die kurzen Begegnungen mit ihnen waren schnell vorüber. Einmal hatten Menschen versucht, auf dem Eiland zu leben. Wie lange? Wann? Sie hatte es vergessen. Die Behausungen am Strand waren längst zerstört, die Spuren getilgt, so leicht wie die lächerlichen Abdrücke des Kapitäns Henderson, der sie mit seinem Namen beleidigte. Stiefelfüße im Korallensand. Weggespült.

Die Insel wollte die Männer nicht. Der Wind trug ihre Stimmen übers Wasser; tiefe, kehlige Stimmen drangen herüber, und sie sah die schaukelnden Boote mit den Augen der Vögel. Die Männer hielten die Musketenläufe in die Luft. Krachende Schüsse zerrissen die Stille …

Winthrop dreht das Blatt um. Es ist nur einseitig beschrieben. Fragend sieht er mich an. »Ich habe noch mehr gefunden, in der Mappe, die mich fast erschlagen hat. Es geht um die Überlebenden der gesunkenen *Essex.* Walfänger. 1820, vier Tage vor Weihnachten landeten sie am nördlichen Ende der Insel an. Sie glaubten, es sei ihre Rettung.«

Alexander Häusser: *Karnstedt verschwindet*, München 2007, S. 25–27/63–64.

VERSCHIEDENES ÜBER RIESENKIEFERN UND DIE ZEIT

Jón Kalman Stefánsson

Erst vor kurzem bestieg der zehnjährige Ich-Erzähler zum ersten Mal ein Flugzeug, um seine Großeltern in Norwegen zu besuchen. Nun befindet er sich erneut am Flughafen, um zusammen mit ihnen seine Schwester, die aus London, England – wie er selbst es ausdrückt –, zurückkommt, abzuholen. Die Maschine verspätet sich und die gewonnene Zeit wird mitsamt einer Karte zum Ausgangspunkt für eine abenteuerliche Seereise mit dem Großvater, die am Flughafen beginnt und in der Phantasie der beiden ihren Lauf nimmt.

Und dann hat der Flug Verspätung.

»Himmelherrgottnochmal«, sagt Großmutter. Großvater und ich holen uns erst mal ein Eis. Wir stehen vor der großen Weltkarte und schlecken Eis. Großvater zeigt auf einzelne Stellen und erklärt mir das eine oder andere über die Welt. [...]

Großvater und ich sehen uns die Welt an. Sie ist ein leichteres Beschäftigungsfeld als Großmutter die Stählerne. Großvater erzählt von Gebirgen, die den Regen abfangen, und Wüsten im Windschatten dieser Gebirge.

»Opa, sollen wir nicht zusammen die Welt umsegeln und so einiges erleben?«

Opa leckt sein Eis und denkt nach.

»Doch«, sagt er dann, »guck mal da, das Rote Meer, ts-ts-ts, seine Form könnte einen glatt an etwas erinnern, Teufel auch! Wirf in zwanzig Jahren noch mal einen Blick auf die Karte, dann weißt du, was sich dein Opa, der alte Schmutzfink, damals gedacht hat. Ja – lass uns den Indischen Ozean befahren! Am Anfang benutzen wir nur die Ruder. Die Maschinen werfen wir erst hier an, auf halber Strecke zwischen Somalia und Sri Lanka, damit keiner auf uns aufmerksam wird. Schau mal über die Reling, Junge, und sieh dir das Meer an. Sechstausend Meter tief. Sechstausend Meter Tiefe liegen hier unter uns, sechstausend Meter bis zum Grund. Du könntest den gesamten Vatnajökull über Bord kippen und das wäre ungefähr das Gleiche, wie einen Stein in einen Teich zu werfen. Aber lass uns weiterfahren, navigieren wir an dieser waldbedeckten Insel vorbei, obwohl es schon verlockend wäre, dort anzulegen, aber die Abenteuer, die einen da erwarten, sind nichts für Opas und zehnjährige Knirpse. Donnerwetter, wie uns unser Schiff schnell voranbringt! Siehst du das da hinten am Horizont? Es ist vollkommen weiß, das ist die Antarktis. Da endet die Welt. Ein weißes Weltende, genauso weiß wie unser Eis hier, das leider auch zu Ende ist. Komm, wir holen uns noch eins!«

[…] Großvater und ich essen Eis.

Wir reisen um die Welt, erleben eine Menge.

Ahoi und Hallo!

Es ist etwas Neues, mit Großvater in Abenteuern zu landen. Etwas anderes als die Streifzüge mit Tarzan und Flinker Hirsch. Manchmal muss man ihm ein bisschen Beine machen, er bleibt gern bei Drehorgeln, Sternen und auch bei Frauen stehen. Großmutter sitzt auf der Bank und macht sich Sorgen.

Ahoi und Hallo! Großvater und ich fahren zur See.

»Gib den verfluchten Piraten eine volle Breitseite!«, ruft Opa, als ein tintenschwarzes Piratenschiff mit vielen hundert grölenden Schurken an Bord den Horizont verdunkelt. Die anderen Leute im Flughafen bringen sich schnell außer Reichweite. Bis auf Großmutter, die sich Sorgen macht. Den Seeräuber würde ich gern sehen, der es mit ihr aufnehmen würde. Ahoi, Großvater und ich segeln dahin und fangen unbeschreiblich schöne Fische. Wir trinken sogar Kokosmilch. Vorsicht, ein Hai! Seine Zähne sind noch schärfer, als im Lexikon steht. Ahoi! – doch Oma sorgt sich um meine Schwester.

[…] Großvater und ich segeln derweil über den Stillen Ozean und trinken kübelweise Sonne, Großmutter aber grübelt über ihre Ziehtochter nach, bedenkt kritisch ihre Anlagen, ihren Charakter und sucht nach möglichen Schwachstellen. Und da Wolken noch immer die Landung des Flugzeugs verzögern und das schreckliche Blau des Himmels im Kopf des Piloten jegliche Orientierung auslöscht, erreichen Großvater und ich sogar noch die Küste Alaskas, wo es große Gefahren gibt, aber auch große Ruhe und wo der Wind so kalt ist, dass er an einem festfriert. Aber trotzdem, wir müssen uns beeilen! Auch wenn das Flugzeug Verspätung hat, kommt es doch irgendwann mit Wolkenfetzen in den Düsen an und das Blau des Himmels hat den Kopf des Piloten in ein Ausrufezeichen verwandelt.

[…] Als meine Schwester durch die Zollschleuse kommt, Koffer in den Händen und London, England, im Kopf, befinden Großvater und ich uns gerade in Alaska und eisige Kälte ist unser ständiger Begleiter. »Da ist sie«, sage ich, meine aber nicht die Wölfin, die uns von einer Anhöhe am Ufer beobachtet, endlose Weiten, in denen sämtliche Wörter Platz finden, in ihrem Rücken. »Nein, Opa, ich meine meine Schwester. Guck doch! Da kommt sie.«

»Ach so, ja«, sagt Großvater und im Handumdrehen löst sich das Schiff in Luft auf, der Pazifik wird zum Fußboden des Flughafengebäudes und norwegische Sommerwärme schmilzt die Eisberge und den Schnee Alaskas.

Jón Kalman Stefánsson: *Verschiedenes über Riesenkiefern und die Zeit*, Übersetzung von Karl-Ludwig Wetzig (Originaltitel: *Ýmislegt um risafurur og tímann*, 2001), Leipzig 2006, S. 160–165.

Die Schrecken des Eises und der Finsternis

Christoph Ransmayr

Die Zickzacklinie eines im Packeis eingeschlossenen Schiffes wird zum Sinnbild der Vermengung von Dokumentation und Fiktion, zum Sinnbild sich kreuzender Wege. Historische Tatsachenberichte und in Kursivschrift gesetzte Logbucheintragungen rund um die Payer-Weyprecht-Expedition (1872–1874) werden der Geschichte eines erdachten Nachfahren beigestellt, der ein Jahrhundert später der Faszination der Vergangenheit erliegt. Die folgende Episode berichtet jedoch vom nachweislich *unnachgiebigen Eis, vom Davontreiben aller Hoffnungen, vereint in sich die gesamte Bandbreite der titelgebenden Schrecken.*

Warten. Tage. Wochen. Warten. Monate. Jahre. Bis in die Verzweiflung hinein warten. Die Eisfalle wird sich nicht mehr öffnen. Nie mehr. Am vierzigsten Tag nach dem Auslaufen aus dem Hafen von Tromsö drängt das erstarrte Meer von allen Seiten an die *Tegetthoff* heran. Nirgendwo offenes Wasser. Die *Tegetthoff* ist kein Schiff mehr, eine Hütte, eingekeilt zwischen Schollen, eine Zuflucht, ein Gefängnis. Die Segel sinnlose Fetzen. Die Dampfmaschine Ballast. Das Steuerrad eine Lächerlichkeit. Eine Logbucheintragung von Eismeister Carlsens Hand überliefert die Koordinaten der Einschließung: Es geschah auf 76°22′ nördlicher Breite und 62°3′ östlicher Länge. Der Schnee, der fiel, war feinkörnig und hart.

So treiben sie von nun an dahin auf ihrer Scholle, einer Eisinsel, die kleiner wird und wieder wächst und deren hölzernes Herz ihr Schiff ist; driften in eine blendende Leere, dann in die Dämmerung der polaren Nacht, in die Finsternis, nord, nordost, nordwest und wieder nord – ausgeliefert gänzlich unbekannten Meeresströmungen und der Tortur des Eises. Sie fahren auf nichts mehr zu. Alles drängt sich heran, kommt ihnen entgegen: zwei Jahre, in denen mehr als acht Monate die Sonne nicht aufgeht; die Verlassenheit und die Angst; eine Kälte, in der wärmende Wolldecken an armdick vereisten Kajütenwänden festfrieren; die Atemnot der Lungenkrankheiten; Erfrierungen an allen Gliedmaßen, deren tödliche Folgen Schiffsarzt Kepes nur durch die Qual einer Amputation abwenden kann; skorbutische Wucherungen des Zahnfleisches, die sie sich gegenseitig mit Scheren abschneiden und die zurückbleibenden Wunden mit Salzsäure verätzen; Wahnvorstellungen schließlich und Verzweiflung.

Am entsetzlichsten aber wird ihnen das *Wuthgeheul der Eisschollen* erscheinen, die sich im Verlauf der ersten Überwinterung immer wieder kreischend ineinander verkeilen, sich übereinanderschiebend auftürmen werden und die *Tegetthoff* zu zermalmen drohen. Während dieser *Eispressungen* wird die Mannschaft zwischen Notsäcken unter Deck hocken und auf den Warnschrei der Wache oben warten – *Macht fort! Macht fort! Eures Lebens Ziel ist da!* – und dann einmal mehr über Bord, hinaus in die Dunkelheit, auf das Eis, aus dessen klaffenden Rissen das Wasser tosend und schwarz hervorkocht. Und dann wird es wieder ruhig sein und kein Wasser mehr. Ein Spuk.

Christoph Ransmayr: *Die Schrecken des Eises und der Finsternis*, Frankfurt am Main 2008, S. 86–87.

The Hunting of the Snark

Lewis Carroll

Eine groteske Reisegesellschaft – bestehend aus Personen, deren Berufs-bezeichnung mit einem »B« beginnt (samt Biber) – begibt sich auf eine Seereise, um ein mysteriöses Wesen zu fangen, von dem nicht mehr bekannt ist, als dass es sich bei ihm um einen Snark handelt, das aber dennoch unbändiges Begehren bei allen Mitreisenden auslöst. Als es darum geht, die Karte, die der Kapitän eigens für die Expedition bereit-gestellt hat, zu beurteilen, bricht angesichts der sich offenbarenden Bewegungsfreiheit stürmische Euphorie unter der Schiffsbesatzung aus.

He had bought a large map representing the sea,
Without the least vestige of land:
And the crew were much pleased when they found it to be
A map they could all understand.

»What's the good of Mercator's North Poles and Equators,
Tropics, Zones, and Meridian Lines?«
So the Bellmann would cry: and the crew would reply
»They are merely conventional signs!

Other maps are such shapes, with their islands and capes!
But we've got our brave Captain to thank«
(So the crew would protest) »that he's bought us the best—
A perfect and absolute blank!«

Lewis Carroll: *The Hunting of the Snark,* London 1876, S. 15–16.

Die Jagd nach dem Schnatz

Lewis Carroll

Eine riesige Karte, gekauft für die Reise,
Hatt' der Captain immer dabei.
Sie zeigte das Meer, und die Crew fand es weise,
Daß nur Meer und sonst nichts auf ihr sei.

»Was nützt uns Mercator mit Pol und Äquator,
Mit Tropen und Loxodrom?«
Fragt der Captain. Und schon tönt die Mannschaft im Chor:
»Das ist alles doch bloß Konvention!

All die Karten mit Linien und Inseln und Land –
Was soll's?« (protestierte die Schar)
»Eine absolut leere ist dem Captain zur Hand –
Was gibt's Bessres? Das ist nun mal wahr!«

Lewis Carroll: *The Hunting of the Snark. An Agony, in Eight Fits/Die Jagd nach dem Schnatz. Eine Agonie in acht Krämpfen*, Übersetzung von Oliver Sturm, Stuttgart 1996, S. 27–29.

Überblicken und ordnen

Von der Ordnung
zur Unordnung zur Umordnung

Iris Schröder

Meere überwältigen oft allein schon aufgrund ihrer Größe. »Fast dreimal so groß also ist die Fläche des Weltmeeres als die des festen Landes«, so hielt es der Meereskundler Walter Stahlberg in den 1920er-Jahren einprägsam fest. Sich einen Überblick über die Meere verschaffen zu wollen, schien lange Zeit ein schier unmögliches Unterfangen – und das nicht nur, weil die Meere und das dazugehörige Wasser weithin, nämlich außerhalb der Polarregionen, flüssig sind. Zu einer gewissen Unübersichtlichkeit trug außerdem bei – und das mag geradezu paradox erscheinen –, dass die Meere vielfach vermessen werden sollten. In dem Zusammenhang entstanden schier unerschöpfliche Datenkonvolute, in denen die Beobachtungen verschiedenster Phänomene zusammengefügt, ja, das Flüssige und schwer Abgrenzbare gleichsam gebändigt werden sollten. Im Zuge all dieser Ordnungsvorhaben versuchten auch europäische Kartographen seit dem ausgehenden 18. Jahrhundert, mithilfe von Karten einen neuen Überblick über die Meere zu gewinnen. Sie projektierten, reduzierten, sortierten, maßen und vermaßen, um nur wenige ihrer vielen Aktivitäten zu nennen, kurzum: auch sie ordneten ihr Wissen, das sie in Kartenform zu versammeln und aufzubereiten suchten. Die daraus resultierende neue Anschaulichkeit der Meere im Kartenbild dürfte vielen alsbald unhintergehbar erschienen sein. Und so machte der sich im 19. Jahrhundert immer weiter verbreitende Glaube an Karten und an die Kartographie auch vor den Meeren nicht halt. Ein Geograph, der die Karten der Meere studiert habe, verfüge über eine nahezu unendliche Kenntnis der Erde – so referiert Felicitas Hoppe in ihrem Roman »Pigafetta« genau diesen Glauben, indem sie sich eines solch kundigen Geographen annimmt. Diese Kenntnis erlaube es dem Geographen, so Hoppe, jederzeit zu wissen, wo er sich im Koordinatensystem der Längen- und Breitengrade gerade befinde. Der Geograph fliegt im Roman über die Erde hinweg. Und es ist genau dieser wohlgeordnete Blick von oben, der jene Übersicht über die Meere und Kontinente ausmacht, die zuvor in so vielen Karten festgehalten worden war (S. 108–109).

Johan Mensings *Carte der Weser und Jade* versprach Seeleuten Ende des 18. Jahrhunderts mehr Sicherheit bei der Navigation in unübersichtlichen Küstengewässern.

Die ersten Karten der Meere, die im 19. Jahrhundert entstanden, zeigten vor allem die Küstengewässer. Diese Seekarten sollten der Navigation dienen, indem sie ein Erfahrungswissen zusammenfügten und zugleich räumlich visualisierten, das es beispielsweise erlaubte, eine Flussmündung oder auch einen Hafen sicher anzusteuern. Es waren vergleichsweise kleine Gebiete, die hier in großem Maßstab gezeigt wurden, mit ihren Untiefen, Sandbänken, Felsen und Gesteinen, aber auch mit ihren möglichen Fahrrinnen und Landmarken, die die Orientierung erleichtern helfen sollten. Systematisch vorangetrieben wurde diese Vermessung und Kartierung im großen Stil von der britischen Admiralität, die es sich zum Ziel gesetzt hatte, im Zuge der Ausweitung des Freihandels und des damit verbundenen Ausbaus des eigenen Empire die Sicherheit auf hoher See und vor allem auch entlang der Küsten mithilfe verlässlicher Karten maßgeblich zu erhöhen. Die detailreichen Überblicke in Kartenform erleichterten die Navigation und wurden zweifellos genutzt. Und so wird – und das nicht nur im Roman Joseph Conrads – auf den Seekarten die geplante Route mit dem Bleistift festgehalten, die eigene Position vermerkt, auf dass die Route stets genau bestimmt werden kann (S. 110–111 und S. 90).

Nicht zuletzt auf Basis dieser detailreichen Karten, die primär dem praktischen Zweck der Navigation auf See dienten, erarbeiteten Kartographen gleichwohl weitere Karten kleineren Maßstabs, die nun eine größere Übersicht gewährten. Diese zeigten die Meere in ungewohnter

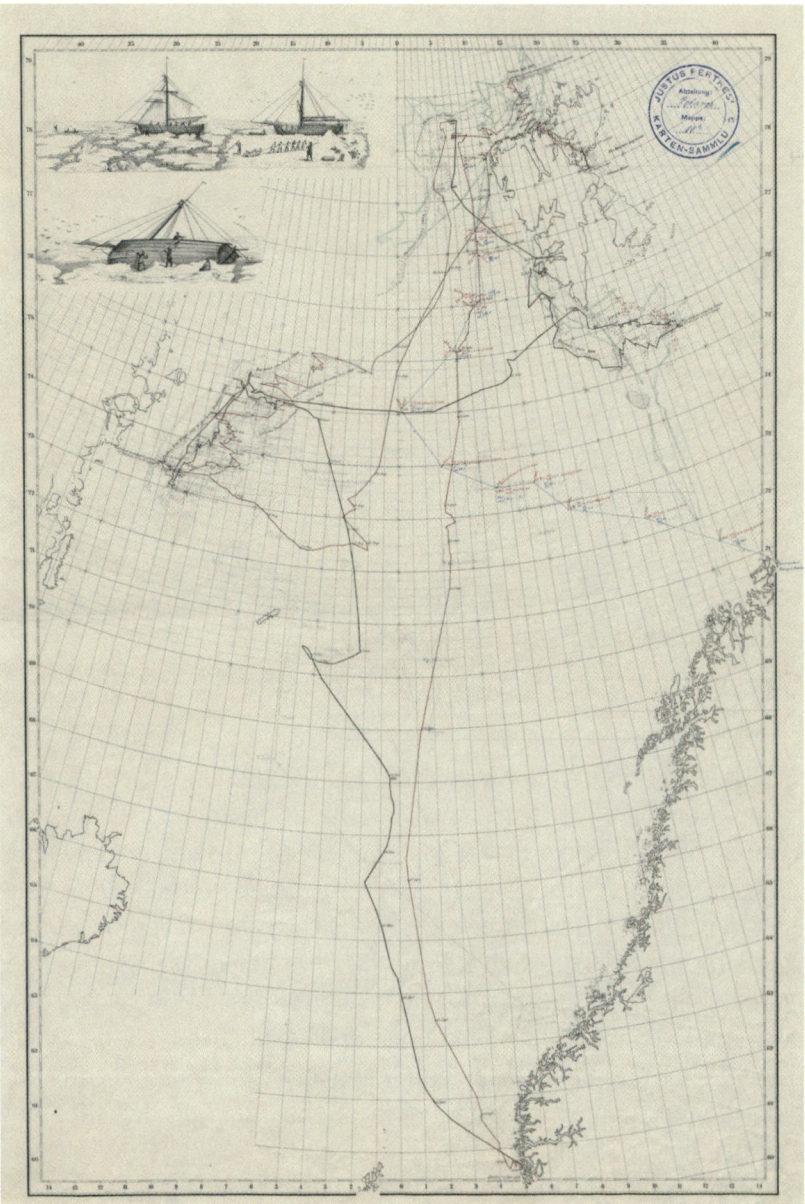

Fahrten nördlich des 60. Breitengrads bargen Gefahren eigener Art, denn auch im Sommer beeinträchtigten Packeis und Treibeis die Navigation, sodass der Zufall der Eisdrift die gewählte Route oft mitbestimmte. Die Blanko-Karte zeigt die auf ein Kartenblatt übertragenen Routen solcher Fahrten ins Eismeer. Aller Wirrungen ungeachtet wird – wie bei Joseph Conrad – die Route bei jedem Kurswechsel mit einer Fülle von Daten verknüpft und akribisch auf dem Kartenblatt festgehalten (S. 111).

Manier, denn sie rückten sie mit einem Mal noch deutlicher in den Vordergrund als bisher geschehen. Das Meer stand in diesen Karten visuell unzweifelhaft im Bildmittelpunkt, wie die Darstellung des »Grossen Oceans« aus der Feder des Gothaer Kartographen August Petermann beispielhaft vorführte (S. 130/131). Das kartographische Wechselspiel zwischen den Meeren und Kontinenten, zwischen Land und Meer, das diese Meereskarten im emphatischen Sinne bestimmte, bewegte sich auf diese Weise unzweifelhaft zu den Meeren hin. Mehr noch:

In seinem die Karte begleitenden Text entwickelte Petermann anhand des »Grossen Oceans« ein regelrechtes Forschungsprogramm für die kommenden Jahrzehnte. Dieses war auch – so ließe sich pointiert formulieren – als ein frühes Gründungsmanifest einer künftigen Ozeanographie zu lesen, das die Meeresforschung eng mit Kartographie verknüpfte und das damit ebenfalls darauf abhob, die Ordnung der Meere im Kartenbild zu veranschaulichen (S. 144–145).

Als der Perthes Verlag nur wenige Jahre später, im Jahre 1863, eine Weltkarte in Mercator-Projektion unter dem Namen »Chart of the World« (S. 92/93) in englischer Sprache lancierte, ahnte wohl niemand, dass es sich dabei künftig um einen jahrzehntelangen Bestseller des Verlagshauses handeln würde. Doch genau dies geschah, denn das Publikum war hingerissen: »I have placed it on the wall of my library and make it my daily study at every leisure minute«, so schrieb der entzückte Sir Edward Sabine[10] – seines Zeichens Präsident der Londoner *Royal Society*, einer der wohl bekanntesten wissenschaftlichen Gesellschaften ihrer Zeit. Sabine lobte vor allem die Akkuratesse der Karte; für ihn war das Werk des ebenfalls bei Perthes in Gotha tätigen Herrmann Berghaus ein Meilenstein der physischen Geographie. Andere betonten darüber hinaus die Ästhetik der Farbgebung, die die Meere nicht nur als plane blaue Flächen, sondern mit ihren Strömungsmustern und den in unterschiedlich gestuften Blautönen gehaltenen Tiefen zeigte. Die Karte war sogleich ausverkauft, entsprechend wurde der Verleger auch nicht müde, sie in den nachfolgenden Jahren wiederholt in überarbeiteten Auflagen auf den Markt zu bringen.

Diese neuen Auflagen sollten stets mit aktuellsten Informationen angereichert werden, wie beispielsweise den seit den ausgehenden 1860er-Jahren viel beachteten Ergebnissen der Polarforschung. Und so zeigte die Karte bereits in ihrer sechsten Fassung aus dem Jahr 1871 (S. 92/93 und S. 8/10/12) *en detail* die bei den letzten Polarexpeditionen gemessene Drift des Eises und vermerkte die diesbezüglichen Daten, die einmal die Drift im Sommer und einmal die im Winter betrafen. Die Meere gewannen so an Konturen, mehr noch: Da sich im Laufe der Jahre die mittlere Achse der Karte nach links verschob, Richtung Westen, wanderte auch der Blick der Betrachtenden. Stand anfangs Europa im Zentrum, in der oberen Bildmitte, so war es später der Atlantik. Der Kartograph Herrmann Berghaus wählte so einen Rahmen, der die großen Weltmeere, den Atlantik ebenso wie den Indischen Ozean und den Pazifik, in einer Art Gesamtschau präsentierte. Die Meere schienen so gleichsam die Protagonisten einer neuen Kartographie, und genau dieser Eindruck verstärkte sich noch dadurch,

091

10 Brief von Edward Sabine an Perthes, 4. 4 1867, in: SPA ARCH FFA, Mappe 2, nicht foliiert.

CHART
OF THE
WORLD
ON
MERCATOR'S PROJECTION
CONSTRUCTED BY
HERMANN BERGHAUS
GOTHA:
JUSTUS PERTHES

dass sie von bunten Linien durchzogen waren: Gezeigt wurden die Dampfschifffahrtslinien, die die Kontinente untereinander verbanden. Sie wiesen auf den wachsenden Weltverkehr hin, der im ausgehenden 19. Jahrhundert so viele Menschen und Dinge über die Meere hinweg bewegen sollte wie nie zuvor.

Die Karte reproduzierte vermeintlich eine Aufsicht; sie gab und sie gibt einen möglichen und zugleich aber auch unmöglichen geordneten Überblick auf die Erde von oben. Allerdings war die von Berghaus für die *Chart* gewählte Mercator-Projektion eine solche, die die Flächen verzerrt (S. 112). Das Kartenblatt kaschiert diesen Umstand allerdings zunehmend, indem eine Fülle von Nebenkarten gezeigt werden, die gleichsam in verschiedene für die Schifffahrt und den Weltverkehr relevante Gegenden hineinzoomen: Der Isthmus von Suez und der von Nicaragua verwiesen hier etwa auf die Kanalbauten, die zeitgenössisch entweder schon vollendet waren oder sich noch in Planung befanden. Die Übersichtlichkeit des Kartenbilds erlaubte es, auf diese Weise die dazugehörigen wechselnden Ströme des Weltverkehrs nachzuvollziehen. Die kartographische Expertise, die die *Chart* zugänglich machte, erreichte damit ein breiteres Publikum, das sich so ein eigenes Urteil zu bilden vermochte. Die Verzeichnung der Flächen, und das im doppelten Sinne des Wortes, schien für viele offenbar ein geringeres Übel zu sein. Schließlich vergrößerte der gewählte Kartenausschnitt mithilfe der Projektion die Fläche der nördlichen Hemisphäre. Damit folgte die Karte ihrerseits jener zeitgenössisch europäischen Überlegenheitsgewissheit, die die koloniale Vorherrschaft Europas und der Vereinigten Staaten über die Welt unzweifelhaft legitimieren helfen sollte.

Andere, wie August Petermann, waren hier mit der Wahl der Planiglob-Projektion für den »Grossen Ocean« flächentreuer vorgegangen, um Verzeichnungen wie diese zu vermeiden (S. 130/131 und S. 144–145). Und auch der Meereskundler Walter Stahlberg verfuhr mit seinen Berechnungen in den 1920er-Jahren anders, wenn er die Wasser- und Landflächen mittels sogenannter »Eingradfelder« präzise zu bestimmen suchte (S. 113–115). Die Ordnung der Erdoberfläche, mitsamt den dazugehörigen Umordnungen im Medium der Karte sollte somit unterschiedliche Formen annehmen, je nachdem, welche Projektions- respektive Messverfahren in Anschlag gebracht werden sollten.

Überblicke in Kartenform, wie sie die Gothaer *Chart* lieferte, sind das eine. Aber es gab auch andere Karten, die ebenfalls die Meere zeigten und die die mit ihnen verbundenen Phänomene zu fassen, ja in neuer Weise zu ordnen vorgaben und das vor allem in Anbetracht jener Gegebenheiten, die sich zunächst jeglicher Ordnung zu entziehen

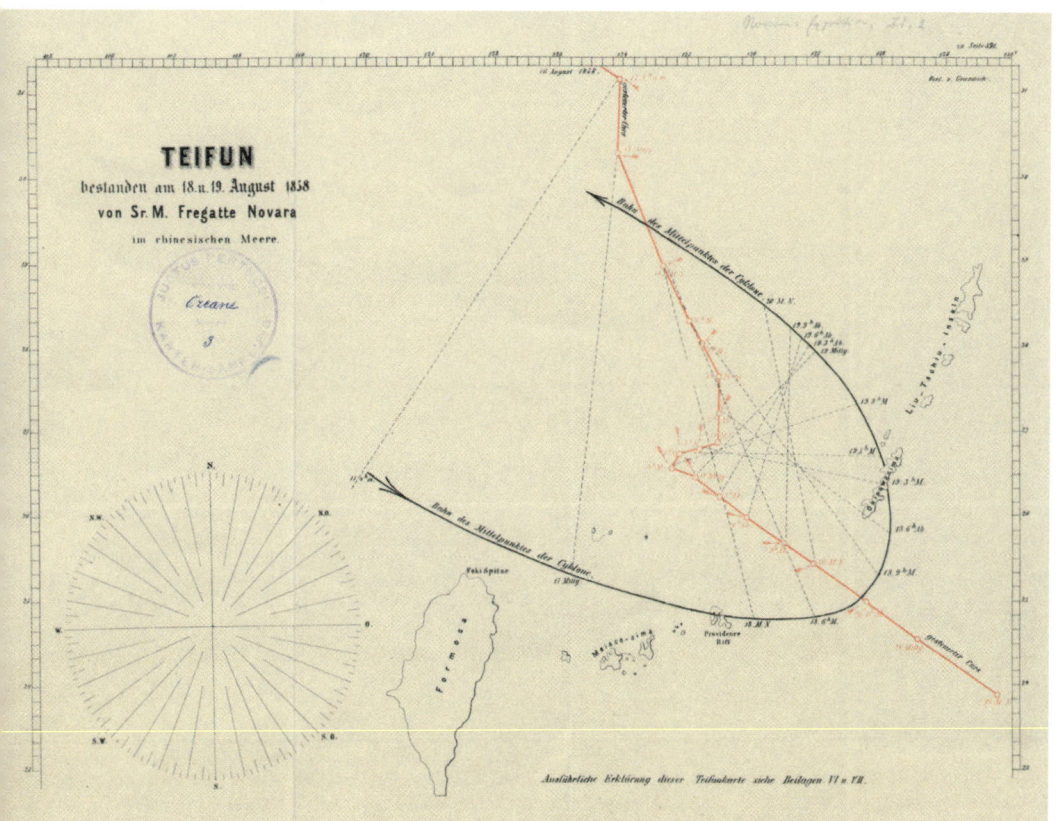

TEIFUN
bestanden am 18. u. 19. August 1858
von Sr. M. Fregatte Novara
im chinesischen Meere.

Das Abwettern eines Taifuns verlangt großes seemännisches Wissen und Geschick. Wie es mit einem Großsegler gelingen konnte, zeigt diese Karte mit dem Kurs der österreichischen Novara.

schienen. Es ging hierbei vor allem um die Strömungen, die Winde und die Wetterverhältnisse, kurz: um die regelmäßig anzutreffenden und zugleich wechselvollen Bedingungen für die Schifffahrt. In diesen Zusammenhang gehörten vor allem auch die Stürme, die, sofern sie ein Schiff auf hoher See oder womöglich in Küstennähe ereilten, eine Gefahr für Leib und Leben aller bedeuten konnten. Sturmwarnungen etwa mithilfe aktueller Wetterkarten gehörten im 20. Jahrhundert zum Alltag auf nahezu allen Schiffen. Im 19. Jahrhundert dürften die damit verbundenen Risiken dagegen weitaus schwerer zu kalkulieren gewesen sein. Umso sensationeller galt die Fahrt der österreichischen Fregatte *Novara*, der es 1858 gelang, im Chinesischen Meer einen Taifun seemännisch »abzuwettern« – mithin gleichsam zu durchqueren.

Es sind Naturereignisse wie dieses, die neben den regelhaft zu beobachtenden Phänomenen, die ebenfalls in die Kartenform gebracht werden sollten (S. 96), die Aufmerksamkeit der Zeitgenossen auf sich zogen. Ein solch außergewöhnliches Ereignis war auch das Erdbeben von Peru vom 18. August 1868. Dieses Erdbeben veranlasste den

Die durch das Erdbeben in Peru

Die Bewegung einer Flutwelle, visualisiert in blauen Linien: Der Kartenentwurf, eine Handzeichnung, fügt eine große Fülle von Daten unterschiedlicher Messstationen zusammen und bezeugt, dass Tsunamis bereits in den ausgehenden 1860er-Jahren auch die Wissenschaften bewegten.

österreichischen Geowissenschaftler Ferdinand von Hochstetter, weiträumige Messungen zueinander in Beziehung zu setzen. Die von ihm aufgezeigte erste Vermessung eines Tsunami, die er neben einer längeren gelehrten Abhandlung auch in Kartenform publizierte, veranschaulichte die Reichweite des Bebens, dessen Auswirkungen Hochstetter noch an den Küsten Neuseelands ermessen konnte. Karten wie die Hochstetters versprachen erneut einen Überblick und zeigten die Gesetzmäßigkeiten der Wellen in Ausnahmesituationen, wie sie ein Erdbeben eben darstellte. Die Details interessierten hier weniger als vielmehr die kräftigen Linien, die schwungvoll das Kartenbild füllen.

Noch anders verhielt es sich mit den Ressourcen, die die Meere bargen, und damit nicht zuletzt mit den zahlreichen Lebewesen und Pflanzen, von denen lange Zeit womöglich nur ein Bruchteil genutzt werden sollte. Und doch ist der Fischfang etwas, was Mensch und Meer unmittelbar miteinander verbindet und gewiss auch historisch verknüpfte — und das über unterschiedliche Weltregionen und über die Jahrhunderte hinweg. Es wäre daher müßig, all die Fische zu erwähnen, die weltweit in die Netze gingen oder mit anderen Mitteln gefangen wurden. Stellvertretend für sie alle sei hier lediglich auf den Hering verwiesen, der als Bild beständig gezeigt und vor Augen geführt wer-

Maurys Übersicht über die Winde und Strömungen des nördlichen Pazifiks sollte als Hilfsmittel für die Navigation dienen. Es ist zu bezweifeln, dass die verwirrende Vielzahl der Linien auf See tatsächlich von Nutzen war.

den sollte. Zudem gehörte die seit dem ausgehenden 19. Jahrhundert vor allem von Fischereiexperten wie Friedrich Heincke entwickelte und als solche eigens apostrophierte »Heringsforschung« zu den florierenden Zweigen der zeitgenössisch sich immer weiter ausdifferenzierenden Ozeanographie. Daher nimmt es nicht wunder, dass der Hering – und zwar vor allem sein Vorkommen in regelrechten Schwärmen – sich auch in Karten wiederfand (S. 116–117 und S. 99). Auch der Hering und die Heringsschwärme gehörten damit zu jenen Phänomenen, die die Meere zwar ausmachten, die sich gleichzeitig aber auch nicht unbedingt ohne weiteres überblicken und ordnen ließen. Die mithilfe der Heringsforschung erstellten »Heringskarten« standen somit für nichts mehr oder weniger als für den Versuch, das nur schwer Kartierbare dennoch im Kartenüberblick festzuhalten. Die Heringskarte visualisierte dabei auch den Anspruch, die nicht ohne weiteres zu lokalisierenden Ressourcen der Meere – wie eben die wandernden Fischschwärme – dingfest zu machen, und zwar nicht zuletzt mit dem Ziel, diese Ressourcen künftig zu nutzen, wenn nicht sogar umfassend ausbeuten zu können.

Das flüssige Element, aber auch die Vielfalt all dessen, was die Meere in sich bargen, bedeutete somit eine Herausforderung für die Kartographie, die sich oft, was die zu kartierenden Phänomene und Daten anbelangte, durchaus eher einer eigentümlich anmutenden Unordnung zu widmen hatte, die sie ihrerseits zu ordnen sowie oft auch umzuordnen trachtete. Diese Versuche konnten gelingen, aber auch misslingen – aller kartographischen Genauigkeitsambitionen ungeachtet. Vor diesem Hintergrund dürfte von den Heringsschwärmen der Nordsee bis hin zu den Tiefseemessungen der Südsee manche kartographische Aufbereitung für die Laien verwirrend gewesen sein, aus durchaus unterschiedlichen Gründen.

Eine solche Verwirrung erfasste unter Umständen viele immer genau dann, wenn beispielsweise auf der Karte allein die Rasterung der

Ole Theodor Olsen, jahrzehntelang in britischen Diensten auf See unterwegs, lenkte mit seinem *Piscatorial Atlas* den Blick auf die Fischgründe der Nordsee. Den Ressourcenreichtum der Meere zeigt beispielhaft diese Heringskarte, die ihrerseits die neuesten Erkenntnisse der zeitgenössischen Heringsforschung aufgreift, wenn nicht sogar vorwegnimmt (S. 116f.).

THE PISCATORIAL ATLAS.

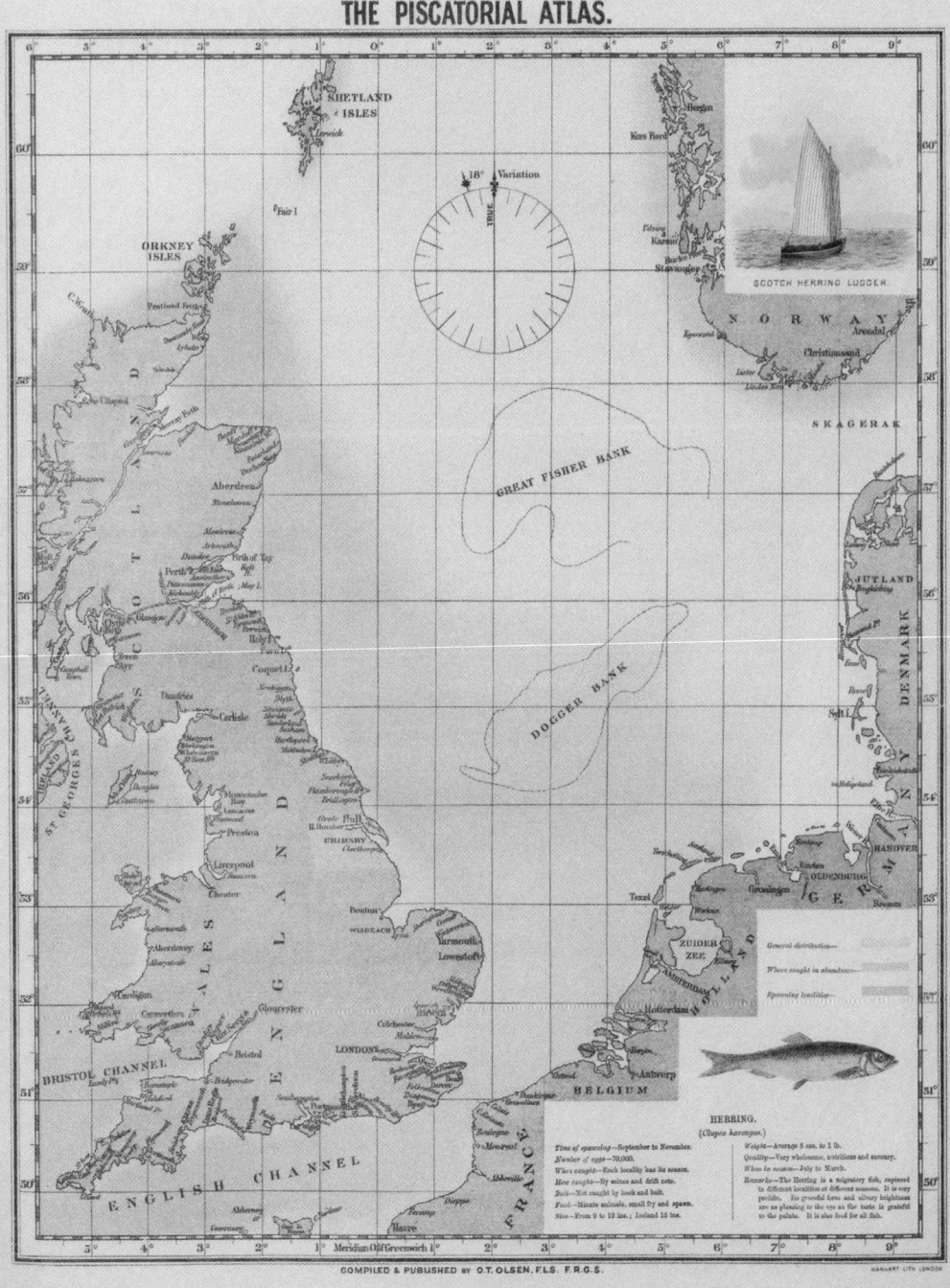

SCOTCH HERRING LUGGER.

HERRING.

(*Clupea harengus.*)

Time of spawning—September to November.
Number of eggs—70,000.
Where caught—Each locality has its season.
How caught—By seines and drift nets.
Bait—Not caught by hook and bait.
Food—Minute animals, small fry and spawn.
Size—From 9 to 12 ins.; Iceland 15 ins.

Weight—Average 5 ozs. to 1 lb.
Quality—Very wholesome, nutritious and savoury.
When in season—July to March.
Remarks—The Herring is a migratory fish, captured in different localities at different seasons. It is very prolific. Its graceful form and silvery brightness are as pleasing to the eye as the taste is grateful to the palate. It is also food for all fish.

General distribution—
Where caught in abundance—
Spawning localities—

COMPILED & PUBLISHED BY O.T. OLSEN, F.L.S. F.R.G.S.

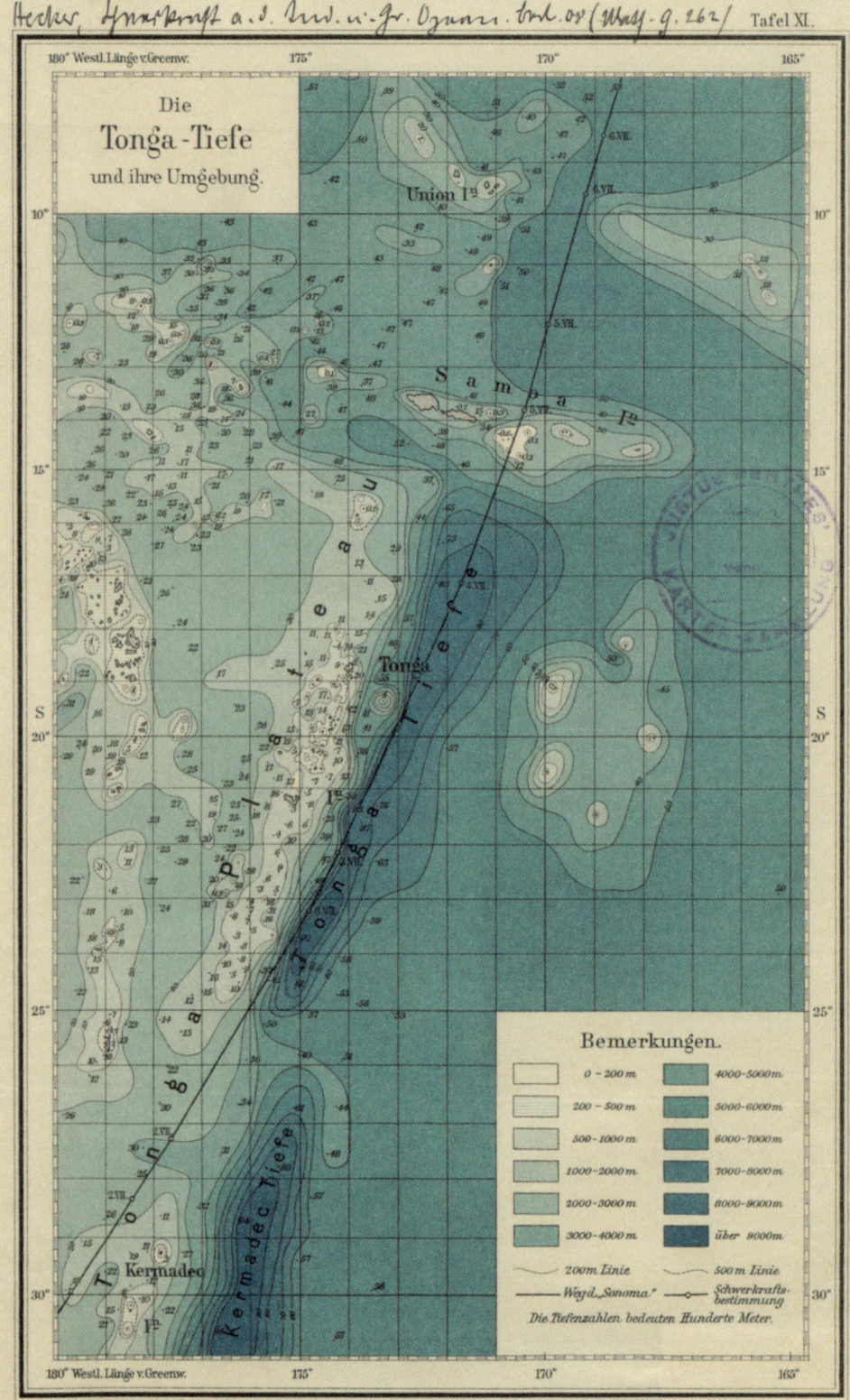

Die
Tonga-Tiefe
und ihre Umgebung.

Bemerkungen.

0 – 200 m	4000 – 5000 m
200 – 500 m	5000 – 6000 m
500 – 1000 m	6000 – 7000 m
1000 – 2000 m	7000 – 8000 m
2000 – 3000 m	8000 – 9000 m
3000 – 4000 m	über 9000 m

200 m Linie — 500 m Linie
Weg d. „Sonoma." — Schwerkrafts-bestimmung
Die Tiefenzahlen bedeuten Hunderte Meter.

Geogr.-lith. Anst. u. Steindr v C.L. Keller, Berlin S.

Dunkles Blau signalisiert
die Tiefe der See, und eine
dünne Linie verzeichnet
den Kurs der *Sonoma*, auf
der der Geophysiker Oskar
Hecker 1901 über einem der
tiefsten Meeresgebiete der
Welt Schwerkraftmessungen
vornahm.

Längen- und Breitengrade die Position des kartierten Gebiets nachzu-verfolgen erlaubte. So wurde beispielsweise die »Tonga-Tiefe und ihre Umgebung«, die eine Meerestiefe von zeitgenössisch geschätzt mehr als 9.000 Metern betraf, auf dem Kartenblatt zwar klar dargestellt, ein Überblick verband sich mit ihr jedoch nicht. Bei vielen Inselkarten, die die betreffenden Inseln auf einem Kartenblatt geradezu vereinzelten, dürfte dies ebenfalls öfter der Fall gewesen sein. Und so könnte man meinen, dass gerade die Kartographie der Inseln vielleicht häufiger als in anderen Fällen in die Irre zu führen vermochte. Denn vieles war hier approximativ, geschätzt, womöglich nur rasch aus der Ferne durch Peilungen festgehalten, erwies sich jedoch beim näheren Hinsehen als falsch (S. 118–119). Überdies war das Innere von Inseln nicht immer per se bekannt, selbst wenn das Kartenbild dies nahezulegen schien. Wissen und Nicht-Wissen, oder auch schlichte Vermutungen wurden zunehmend selten eigens als solche benannt. Dies musste auch der Weltenbummler Ernst von Hesse-Wartegg erfahren, als er sich, aus-gerüstet mit einer »Spezial-Karte« der Samoa-Inseln, ins Innere von Upolu begab. Dort fand er freilich nicht vor, was die Karte ihm zeigte, und so führte ihn der seitens der Karte versprochene Überblick auf andere als die von ihm geplanten und erwarteten Wege (S. 102/103 und S. 120–121).

Nächste Doppelseite:
Der Samoa-Vertrag
von 1899 legte die
Hoheitsrechte in Polynesien
fest. Die anlässlich dessen
von Paul Langhans in Gotha
veröffentlichte *Spezial-Karte
der Samoa-Inseln* sollte
den Kolonialenthusiasten
im Deutschen Reich die
fern gelegene Inselwelt vor
Augen führen. Langhans
verfügte allerdings, trotz
aller ihm eigenen Akribie,
nur über eine lückenhafte
geographische Kenntnis und
so ist vieles von dem, was
die Karte zeigt, wohl eher
eine Spekulation.

Dennoch sollte die von Paul Langhans in Gotha gefertigte Karte nicht sofort zur Seite gelegt werden. Schließlich unternahm sie den Versuch, die zeitgenössisch unübersichtliche Lage der Besitzverhält-nisse auf Samoa im Kartenbild festzuhalten. Augenscheinlich ist hier, dass eben nicht nur die ambitionierten deutschen Kolonialherren Plan-tagen anlegten, sondern dass auch die Samoaner ihrerseits intensiv Ackerbau betrieben. Die Karte gab hiervon einen durchaus einpräg-samen Eindruck, der die Kolonialenthusiasten bei genauerem Hinsehen eigentlich ernüchtert haben müsste. Beobachter vor Ort wie der seit 1890 auf Samoa lebende Robert Louis Stevenson, den die Inselgesell-schaft wohl als »den Geschichtenerzähler« bezeichnete, entwickelten eine noch kritischere Sicht gegenüber den Ambitionen und Aktivitäten der deutschen Kolonialherren vor Ort. So brandmarkte Stevenson die von den Deutschen angelegten Plantagen als »Nahrungsmittelwüste« (S. 122–123).

Stevenson ergriff freilich Partei gegen jegliche koloniale Inbesitz-nahme. Die Aufteilung des Archipels im Jahr 1900, von dem sich die Briten unter dem Druck des Burenkriegs zurückgezogen hatten und in dem nun deutsche und US-amerikanische Kolonialherren die Ge-schicke verwalteten, sollte er nicht mehr erleben. Dass die beteiligten

DIE DEUTSCHE SAMOA-INSEL
UPOLU
mit den Ländereien und Pflanzungen der
Deutschen Handels- u. Plantagengesellschaft
der Südsee-Inseln zu Hamburg
und dem fremden Grundbesitz.

Erklärung:
Land der Deutschen Handels- u. Plantagen-Gesellschaft der Südsee-Inseln zu Hamburg.
Pflanzungen
Land der Polynesian Land Company
Cornwalls Land
Land verschiedener Fremder

Handels-Station
Hauptstation der Londoner Mission
der Wesleyanischen Mission
der Franz.-Kathol. Mission

Maßstab 1:100.000.

1 P. Kilometer
1 Seemeilen

**DEUTSCHE
HAUPTSTADT APIA
UND
VAILELE-PFLANZUNG.**
1:50.000

DIE DEUTSCHE SAMOA-INSEL
SAVAII
1:500.000

SAMOA IN
1:1500.000

Deutsch
Norden Amerik.

Reichs-Flagge.

DEUTSCHE MARINE-STATION
SALUAFATA
1:50.000

SAMOA-INSELN.

LORD HOWE I^s
(NJUA)
1:2 000 000

Die vom Deutschen Reiche an England abgetretenen
SALOMO-INSELN
CHOISEUL UND ISABEL
und ihre insulare Umgebung.
1:2 000 000
nach dem deutsch-englischen Abkommen.
☐ Deutsch   ■ Englisch

TUTUILA I.
1:800 000

ROSA I.
1:1 200 000

DIE DEUTSCHEN SCHUTZGEBIETE
IN DER SÜDSEE
und die Veränderung der Besitzverhältnisse
nach dem neuen deutsch-englischen Abkommen.
1:40 000 000

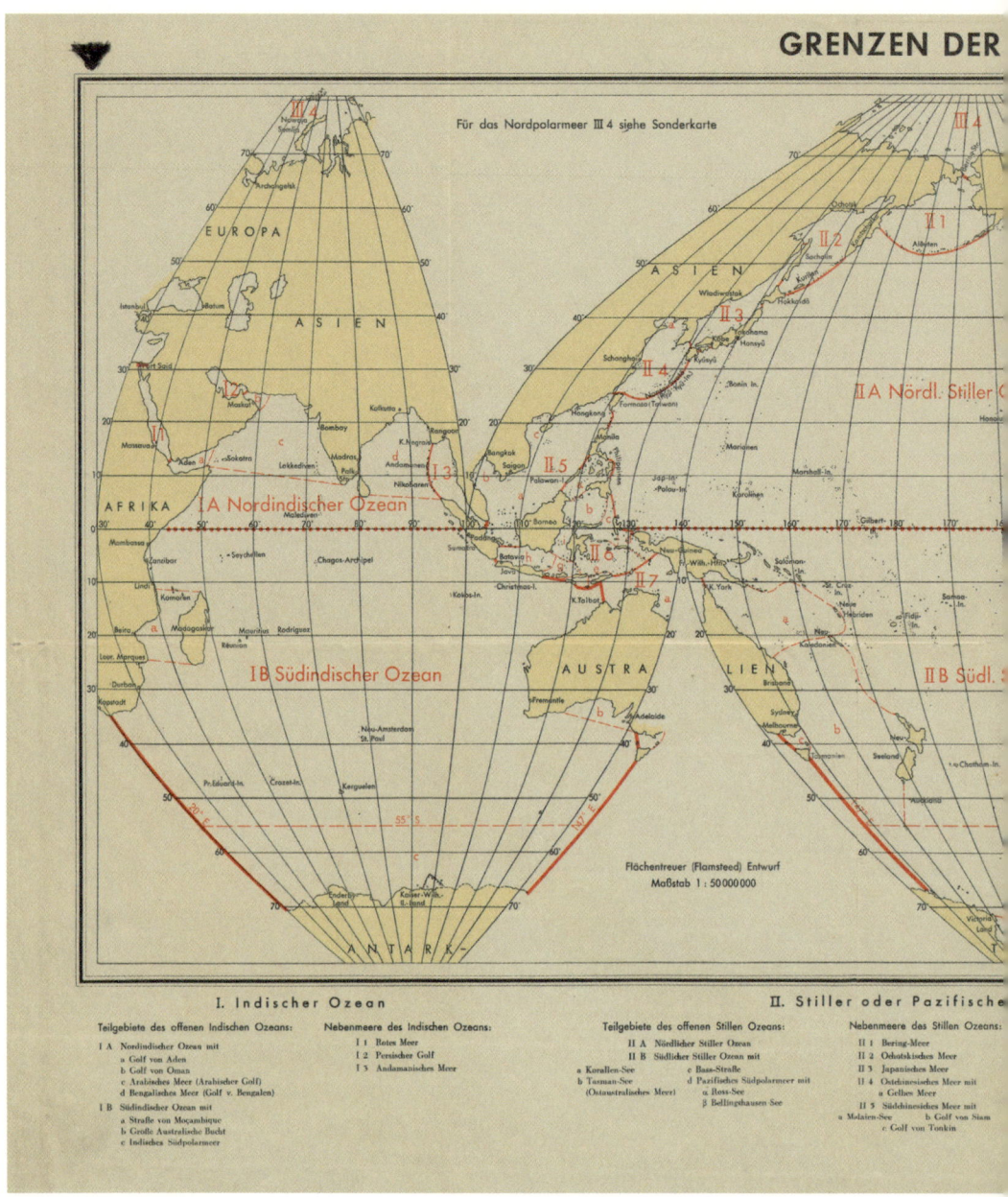

Kolonialmächte fortan ihre vermeintlichen Interessenssphären entlang einer imaginär gedachten Grenze im Meer festlegten, die nur als Kartenlinie sichtbar gemacht werden konnte, war zeitgenössisch neu. Damit avancierte die Umordnung der marinen Welt in vermeintlich – teilweise auch qua Völkerrecht – voneinander abgrenzbare Gebiete zu einem neuen Modell, demzufolge auch die Meere, ähnlich wie die Kontinente, in kolonialisierender Absicht künftig aufzuteilen waren. Die Rede von Einfluss- und Interessenssphären, die auf dem

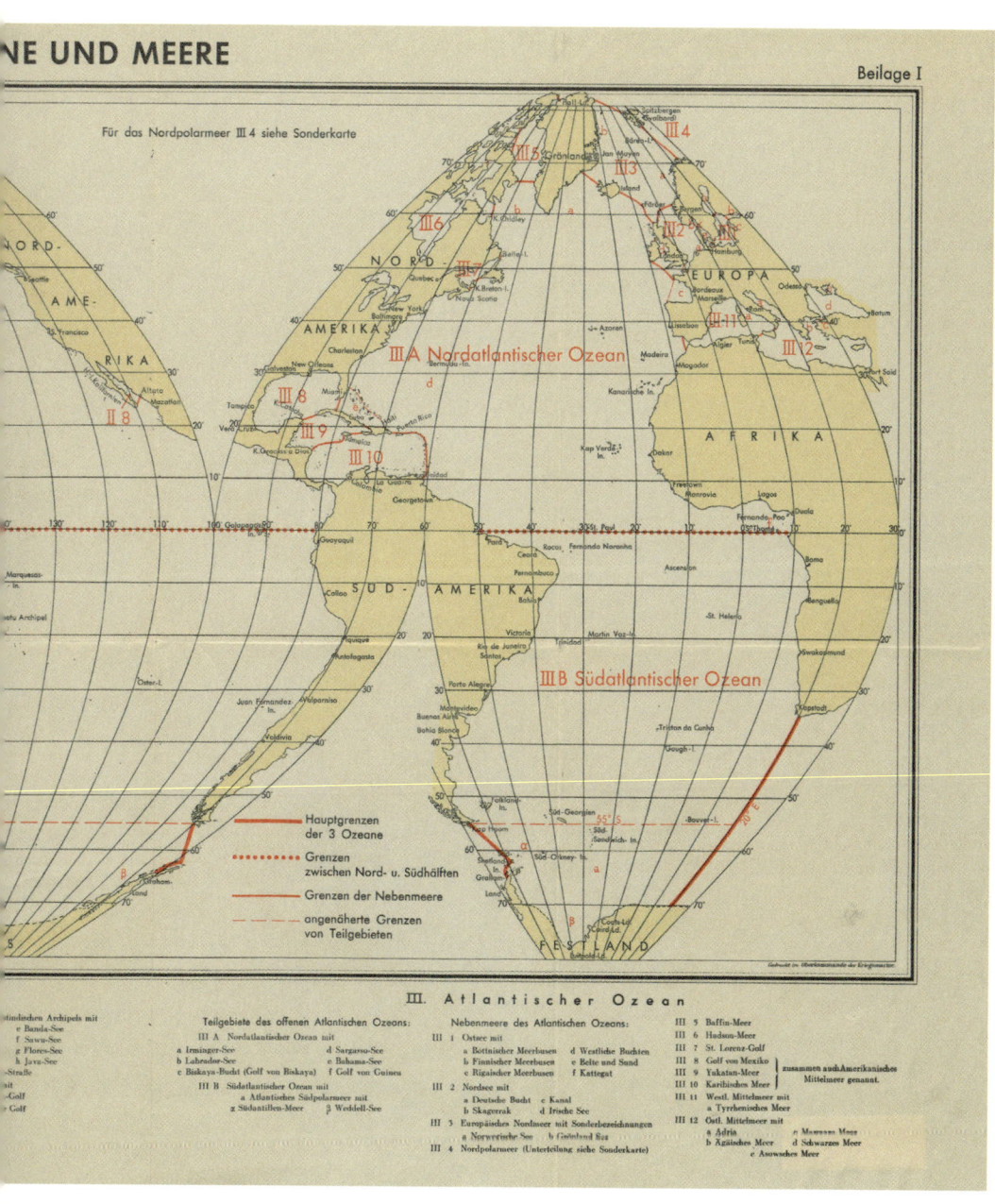

Für das Nordpolarmeer III 4 siehe Sonderkarte

III A Nordatlantischer Ozean

III B Südatlantischer Ozean

Hauptgrenzen der 3 Ozeane
Grenzen zwischen Nord- u. Südhälften
Grenzen der Nebenmeere
angenäherte Grenzen von Teilgebieten

III. Atlantischer Ozean

Teilgebiete des offenen Atlantischen Ozeans:

III A Nordatlantischer Ozean mit
a Irminger-See
b Labrador-See
c Biskaya-Bucht (Golf von Biskaya)
d Sargasso-See
e Bahama-See
f Golf von Guinea

III B Südatlantischer Ozean mit
a Atlantisches Südpolarmeer mit
z Südantillen-Meer
β Weddell-See

Nebenmeere des Atlantischen Ozeans:

III 1 Ostsee mit
a Bottnischer Meerbusen
b Finnischer Meerbusen
c Rigaischer Meerbusen
d Westliche Buchten
e Belte und Sund
f Kattegat

III 2 Nordsee mit
a Deutsche Bucht
b Skagerrak
c Kanal
d Irische See

III 3 Europäisches Nordmeer mit Sonderbezeichnungen
a Norwegische See
b Grönland Rec

III 4 Nordpolarmeer (Unterteilung siehe Sonderkarte)

III 5 Baffin-Meer
III 6 Hudson-Meer
III 7 St. Lorenz-Golf
III 8 Golf von Mexiko
III 9 Yukatan-Meer
III 10 Karibisches Meer
III 11 Westl. Mittelmeer mit
a Tyrrhenisches Meer
III 12 Ostl. Mittelmeer mit
a Adria
b Ägäisches Meer
c Asowsches Meer
x Marmara Meer
d Schwarzes Meer

III 9 Yukatan-Meer
III 10 Karibisches Meer
} zusammen auch Amerikanisches Mittelmeer genannt.

Kartenblatt klar voneinander abgegrenzt erschienen, machte so vor den Meeren nicht halt – ja, sie wurden im Verlauf des 20. Jahrhunderts teils zu einem von manchen geforderten Standard, der in dem Versuch kulminierte, die Meere nach den Kriterien des terrestrischen Raumes zu fassen und zu kartieren. Dies bedeutete insofern eine erstaunliche politische Wendung, als die Kartographie der Meere gegen Mitte des 19. Jahrhunderts zunächst noch damit angetreten war, vor allem die durch die Meere möglich gewordenen Verbindungen zu zeigen und

William S. Bruce:

AREA OF UNKNOWN ANTARCTIC REGIONS
COMPARED WITH
AUSTRALIA, UNKNOWN ARCTIC REGIONS, AND BRITISH ISLES.

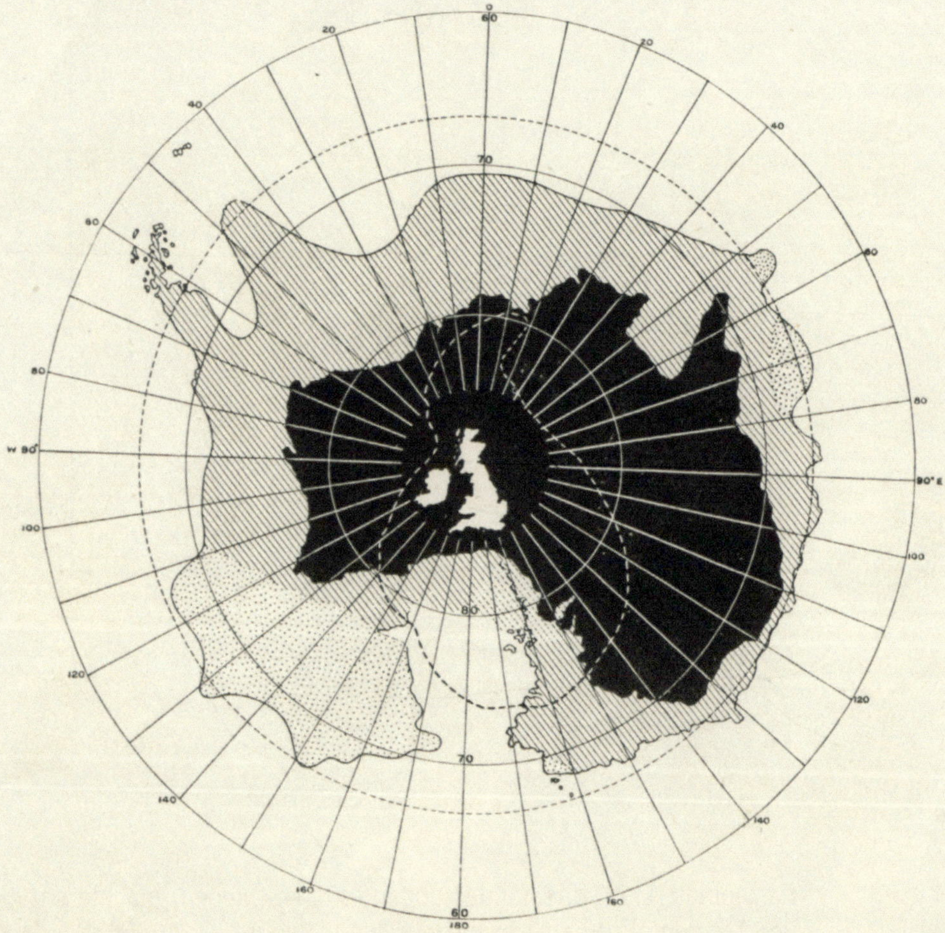

Scale 1:63,000,000.

anschaulich vor Augen zu führen, wie es etwa die schon mehrfach erwähnte »Chart of the World« (S. 92/93) oder auch August Petermann mit Blick auf den »Grossen Ocean« (S. 130/131) getan hatten.

Allen Ordnungs- und Umordnungsversuchen ungeachtet birgt die Kartographie der Meere aber immer wieder auch Überraschendes. Dies geschieht vor allem dann, wenn die vermeintliche Eindeutigkeit verlassen wird und das Nicht-Wissen aufscheint, gar in den Vordergrund rückt. In eine solch ungewöhnliche Richtung weist eine Karte aus dem *Scottish Geographical Magazine* aus dem Jahre 1907, die die unbekannte Antarktis zeigt. Sie tut dies, indem sie das Gebiet der Arktis, Australiens und Großbritanniens in die Karte gleichsam hineinblendet. Der Maßstab der Karte ist 1:63.000.000 – eine schier unvorstellbare Verkleinerung. Und doch erscheint die Generalisierung in diesem Fall aufschlussreich, ist die Karte doch ein Sinnbild für das umfangreiche Nicht-Wissen, das womöglich nicht nur zu Beginn des 20., sondern auch noch im 21. Jahrhundert unser Wissen über die Meere vielfach durchzieht, und das trotz all der aufschlussreichen Versuche, die Meere kartographisch zu überblicken und zu ordnen.

Diese Karte setzt nicht nur Bekanntes und Unbekanntes in Relationen, sondern auch Großbritannien ins Zentrum der seinerzeit letzten »herrenlosen« Weltregion.

PIGAFETTA

Felicitas Hoppe

Ein Geograph studierte Karten so gründlich, dass er stets in der Lage war, den Ort, an dem er sich aufhielt, zu erkennen. So entwirft es Felicitas Hoppe in ihrem Roman »Pigafetta«, in dem sie gleich zu Beginn ausführt, was eine gelungene Erdbeschreibung an orientierendem Wissen zu vermitteln vermag. Mit verbundenen Augen flog der Geograph zu Übungszwecken über das Meer. Doch sobald ihm die Augenbinde abgerissen wurde, wusste er sogleich, wo er sich befand, obwohl vor ihm nichts als Wasser war. Auch bei späteren Spielen kannte dieser Geograph stets die nächste Küste, selbst wenn sich um ihn herum die Wasserfläche bis zum Horizont erstreckte. Sein Wissen über die geographischen Gegebenheiten der Meere und der Küsten schien unerschöpflich, denn offenbar hatte er die Ordnung der Erde im Kartenbild verinnerlicht, was ihn von vielen anderen abhob.

Aber das waren andere Zeiten, als der Geograph jung war und noch für seine Königin flog. Als er den Offizier fragte, wohin sie flögen, lachte der Offizier und verband ihnen die Augen. Das ist eine Übung, sagte er, und sie stiegen ein. Auf halber Strecke riß er ihnen die Augenbinden wieder herunter und fragte: Wo sind wir jetzt? Unter ihnen war nichts als Wasser, alle schwiegen. Aber der Geograph hatte alles studiert, er kannte die Karten, die Kurven, die Ränder aus Land, das Wasser aus jeder Höhe, zu jeder Tages- und Nachtzeit. Afrika, schrie der Geograph, und der Offizier hob die Brauen und beförderte ihn.

[…]

Zum Trost erfand ich ein Spiel. Es heißt AUSSICHT AUF RETTUNG und geht so: Wenn sie mich hier, auf der Stelle, über Bord werfen, wohin muß ich mich dann schwimmenderweise wenden? Immer gewann der Geograph, am ersten Tag noch für die irische Küste, später für die Azoren und am Ende für das nordamerikanische Festland, während ich mir längst keine Ränder aus Land mehr vorstellen konnte, und Pigafetta kann gar nicht schwimmen.

Felicitas Hoppe: *Pigafetta*, Frankfurt am Main 2006, S. 12/13.

Lord Jim

Joseph Conrad

*Joseph Conrads Roman »Lord Jim« (1899) erzählt von den Schwierig-
keiten, eine Katastrophe auf See zu rekonstruieren – und davon, dass
die im »ungeheuren Frieden von Himmel und Meer« glänzende See
ebenso trügerisch sein kann wie eine noch so sorgfältige Positionsbe-
stimmung auf der Oberfläche der Seekarte.*

Von Zeit zu Zeit warf er einen müßigen Blick auf die Seekarte, die
mit vier Reißnägeln auf einem niedrigen dreibeinigen Tisch hinter dem
Gehäuse für den Steuermechanismus befestigt war. Die Oberfläche des
Blattes, auf dem die Meerestiefen eingezeichnet waren, schimmerte im
Licht einer Blendlaterne oben an einer Strebe, glatt und gleichmäßig
wie der glitzernde Spiegel der See. Ein Parallellineal und ein Stech-
zirkel lagen darauf; die Position des Schiffes vom vergangenen Mittag
war mit einem kleinen schwarzen Kreuz markiert, und die Bleistiftlinie,
die mit energischem Strich bis hinauf zur Insel Perim gezogen war,
bezeichnete den Kurs des Schiffes – den Weg der Seelen zum Wall-
fahrtsort, das Versprechen der Erlösung, den Lohn des ewigen Lebens;
der Bleistift lag, mit dem spitzen Ende auf der somalischen Küste, rund
und reglos da wie eine einzelne Spiere, die in einem stillen Hafen-
becken schwimmt. »Wie ruhig wir fahren«, dachte Jim staunend, mit
einem Gefühl wie Dankbarkeit für diesen ungeheuren Frieden von
Himmel und Meer. In solchen Augenblicken erlebte er in Gedanken
seine größten Abenteuer: Er liebte diese Träume und den Erfolg seiner
Heldentaten der Phantasie. Sie waren das Beste an seinem Leben, die
heimlichen Wahrheiten, die verborgene Realität. Sie waren wunderbar
männlich, angenehm unbestimmt, sie zogen mit heroischen Schritten
vor seinem inneren Auge vorüber; sie trugen seine Seele mit sich hinweg und machten sie trunken von dem göttlichen Trank eines grenzen-

losen Selbstvertrauens. Es gab nichts, dem er nicht gewachsen war. So sehr gefiel er sich in dieser Vorstellung, dass er lächelte, versonnen den Blick nach vorn gewandt; und wenn er einmal nach achtern sah, dann sah er den weißen Streifen des Kielwassers genauso schnurgerade über die See gezogen wie auf der Karte den schwarzen Bleistiftstrich.

[…]

»Kommen Sie herein, Mr. Jones.« Ich ging hin. »Wir wollen die Position bestimmen«, sagt er, über die Karte gebeugt, mit dem Zirkel in der Hand. Nach den gängigen Vorschriften hätte das der Offizier am Ende seiner Wache gemacht. Ich sagte jedoch nichts, sondern sah ihm zu, wie er die Position des Schiffes mit einem winzigen Kreuz markierte und Datum und Uhrzeit hinzuschrieb. Ich sehe es vor mir, jetzt in diesem Augenblick, wie er seine säuberlichen Zahlen schreibt: siebzehn, acht, vier Uhr morgens. Das Jahr stand in roter Tinte oben auf der Karte. Er hat seine Seekarten nie länger als ein Jahr lang verwendet – nicht Käpt'n Brierly. Die Karte habe ich jetzt. Als er fertig war, stand er da, betrachtete den Eintrag und lächelte vor sich hin, und dann blickt er zu mir auf. »Noch zweiunddreißig Meilen auf diesem Kurs«, sagt er, »dann sind wir aus der Gefahrenzone, und Sie können den Kurs um zwanzig Grad nach Süden ändern.«

Joseph Conrad: *Lord Jim. Eine Erzählung*, Übersetzung von Manfred Allié, Frankfurt am Main 2014, S. 25/64.

ATLAS DER ABGELEGENEN INSELN

Judith Schalansky

Das Studium von Atlanten und Karten wirft Fragen auf, dies betont Judith Schalansky im Vorwort zu ihrem »Atlas der abgelegenen Inseln«. Der Versuch, mithilfe von Karten einen Überblick zu gewinnen, ja, die Verfahren der Kartenerstellung selbst erscheinen ihr insgesamt fragwürdig, vor allem in Hinblick auf den damit verbundenen Geltungsanspruch: Kartographie wird so zu einem kunstvollen Kompromiss, die Ordnung der Erde im Medium der Karte teilweise eine überaus fragwürdige Angelegenheit.

Die Welt auf einen Blick sichtbar machen zu wollen, wirft Probleme auf, die nicht befriedigend zu lösen sind. Alle Projektionen stellen die Welt verzerrt dar. Entweder stimmen die Entfernungen, die Winkel oder die Verhältnisse der Flächen nicht. So kommt es etwa zu jenem winkeltreuen Weltbild mit schamlos verzerrten Länderproportionen, auf denen der zweitgrößte Kontinent Afrika genauso groß aussieht wie die weltgrößte Insel Grönland, die in Wirklichkeit jedoch vierzehnmal kleiner ist. Es ist einfach nicht möglich, die gekrümmte Oberfläche der Erde mit gleichzeitiger Flächen-, Längen- und Winkeltreue auf eine ebene Fläche zu projizieren. Die zweidimensionale Weltkarte ist ein Kompromiss, der die Kartographie zu einer Kunst zwischen ungehörig vereinfachter Abstraktion und ästhetischer Weltaneignung werden ließ. Am Ende geht es schlichtweg darum, die Welt zu erfassen, nach Norden auszurichten und gottgleich zu überblicken. So wird ein vermeintlich objektives Weltganzes mit wissenschaftlichem Wahrheitsanspruch präsentiert, der auch nicht davor zurückschreckt, die irdischen Planisphären »Weltkarten« zu nennen, so als gäbe es kein Sonnensystem oder Weltall. Natürlich müsste es »Erdkarten« heißen. Es heißt ja auch nicht »Weltkunde«.

Judith Schalansky: *Das Paradies ist eine Insel. Die Hölle auch*, in: Atlas der abgelegenen Inseln. Fünfzig Inseln, auf denen ich nie war und niemals sein werde, 10. Aufl., Hamburg 2011, S. 10–11.

DIE GRÖSSE DES WELTMEERES

Walter Stahlberg

Wie groß ist das Meer? Wie groß ist das Land? Und welchen Anteil haben beide an den sich über den Globus erstreckenden Flächen? Fragen wie diese interessieren den in Meeresangelegenheiten überaus kundigen Walter Stahlberg, war der studierte Zoologe und Mathematiker doch der langjährige Kustos des Instituts und Museums für Meereskunde an der Friedrich-Wilhelms-Universität zu Berlin. Stahlberg gehörte zu jenen, die an der Schnittstelle von Wissenschaft und Öffentlichkeit die Meere sowie vor allem das damit einhergehende Meereswissen einem breiten Publikum vermitteln wollten. Die Größe des Meeres, die er in dem untenstehenden Abschnitt zu veranschaulichen sucht, betrifft für ihn gleichwohl nicht allein die Fläche, sondern auch die Tiefe. Die Meere gibt Stahlberg als eine große Einheit zu denken vor, als Weltmeer im Singular. Er erörtert dabei freilich ein Wissensgebiet, auf dem die Meeresforschung nach wie vor mit erheblichem Nicht-Wissen konfrontiert ist. Die Ordnung der Meere ist dementsprechend immer nur partiell – ein Umstand, der die Meeresforschung auch in den 1920er-Jahren antreiben sollte.

Die Größe der Meeresfläche ist im Zeitalter der Entdeckungen gewissermaßen so nebenher mit festgestellt worden. Die Seefahrer zogen aufs Meer hinaus nicht um des Meeres willen, sie wollten altbekannte Länder auf neuen Wegen erreichen. Indien und was damit an Ländern in unbestimmten Vorstellungen zusammenfloß, sollte auf neuen Wegen, um Afrika herum, über den Atlantischen Ozean hinweg, erreicht werden. Im weiteren Fortschreiten wollte man dann auch neue Länder suchen und deren Schätze gewinnen. Immer aber war es das Land jenseit des Meeres, war es irgendeine bekannte oder unbekannte Gegenküste, die das Ziel der Fahrt bildete. Und nur die Natur und der Verlauf der Dinge brachten es mit sich, daß bei all den Fahrten und Unternehmungen auch die Kenntnis vom Meere selbst sich mit erweiterte. Alte, kindlich fromme Vorstellungen: die Erde als Wohnsitz des Menschengeschlechts müsse überwiegend mit Landflächen erfüllt sein, erwiesen sich als irrig; zögernd wurden sie aufgegeben, und immer größer wurde die Fläche, die das Meer für sich in Anspruch nahm, bis schließlich das Antlitz unserer Mutter Erde als überwiegend ozeanisch festgestellt war. [...]

Daß die Wasserflächen die Landflächen übertreffen, haben einige der Entdecker bereits geahnt; der erste genauere Versuch das Verhältnis beider auf Erdkarten auszumessen, ist im Jahre 1742 gemacht und ergab für den Teil der Erdoberfläche, der zwischen den beiden Polarkreisen liegt, den Wert 26:74; der richtige Wert für die ganze Erdoberfläche ist, in ganzen Zahlen ausgedrückt, 29:71. Von hundert Teilen der Erdoberfläche kommen 29,2 auf die Festländer und Inseln, 70,8 auf das Meer.

Fast dreimal so groß also ist die Fläche des Weltmeeres als die des festen Landes.

[...]

Noch um die Mitte des vorigen Jahrhunderts schrieb Alexander von Humboldt in seinen »Kosmos«, in dem er eine viel berühmte und bewunderte allgemeine Weltkunde seiner Zeit entwarf, den folgenden Satz: »Die Tiefe des Weltmeeres ist uns unbekannt«. Das war alles, was er im ganzen über die Meerestiefe sagen konnte. Er bemerkte nur noch kurz dazu: »Man hat an einigen Punkten unter den Tropen in einer Tiefe von mehr als einer geographischen Meile noch keinen Grund gefunden.« [...]

Leidlich gut vermessen sind auch heute noch lediglich diejenigen Stellen, die für Kabellegungen wichtig waren. [...] Man bekommt so tatsächlich eine sehr eindrucksvolle Vorstellung davon, wie sehr unser Wissen noch Stückwerk ist. Namentlich auch, wenn man sich größeren Flächen umreißt, die noch von völlig lotungsfreien Feldern eingenommen werden. Selbst im Atlantischen, der doch noch der bei weitem am besten bekannte aller Ozeane ist, kann man nordöstlich von der brasilianischen Nordküste ein solches Gebiet feststellen, das beträchtlich größer ist, als ganz Mitteleuropa. Wenn man diese etwa dreieckige Fläche zum Vergleich nach Europa überträgt, so fallen nämlich die drei Eckpunkte etwa auf folgende Punkte: im Westen auf die einspringende Ecke des Golfs von Biskaya, ans Westende der Pyrenäen, im Osten ins Asowsche Meer, an den Westanfang des Kaukasus, und der dritte Punkt im Norden liegt im Skagerrak vor dem Nordende der jütischen Halbinsel, noch nördlich von Kap Skagen. In den anderen Ozeanen sind lotungsfreie Gebiete von noch sehr viel größeren Abmessungen zu finden.

So lückenhaft ist also unsere wirkliche Kenntnis.

Walter Stahlberg: *Die Größe des Weltmeeres,* in: Die Wunder des Meeres. Allgemeinverständliche Darstellung des Lebens und Treibens im Meere, der Tier- und Pflanzenwelt, der maritimen Einrichtungen und Nutzbarmachung des Meeres durch den Menschen, Berlin 1926, S. 24–26/28–30.

Geschichte der Heringsforschung

Friedrich Heincke

In Rückgriff auf Linné skizziert Friedrich Heincke, seines Zeichens langjähriger Direktor der Biologischen Anstalt Helgoland, die Genese der Heringsforschung – einen Gegenstand, den er bereits ausführlich in einem 1898 erschienenen zweibändigen Werk unter dem Titel »Naturgeschichte des Herings« dargelegt hatte. Darin zeichnet er auch Theorien nach, die sich, auch wenn sie durchaus auf richtigen Beobachtungen basierten, schließlich als falsch erwiesen hatten. Die Heringsforschung wird so bei Heincke zu einer an praktischen Interessen orientierten Wissenschaft, die der beständigen kritischen Überprüfung ihrer eigenen Annahmen bedarf. In Anbetracht der sich vermeintlich jeglicher Ordnung entziehenden Heringsschwärme unternimmt die Heringsforschung ihrerseits den Versuch, einen Überblick zu gewinnen, was nicht zuletzt in Kartenbildern seinen Niederschlag findet.

116

Zu derselben Zeit, wo Zoologie und Botanik durch das systematische, ordnende Genie Linnés ihr festes Gerüst erhielten in dem Begriff der unveränderlichen Spezies begann auch die Heringsforschung im wissenschaftlichen Sinne. Die Blüte des nordischen Walfanges ums Jahr 1700 herum, das Bekanntwerden mit den arktischen Meeren, der Heringsfang an den Küsten von Schottland, Norwegen und Bohuslän um die Mitte des vorigen Jahrhunderts, die Ausdehnung der überseeischen Schiffahrt, alles trug dazu bei, die Kenntnis der nördlichen Meere und ihrer Bewohner zu vermehren. Die Aufmerksamkeit hervorragender Gelehrter richtete sich auf sie, und auf wohlbeobachtete Tatsachen wurden scharfsinnige Theorien aufgebaut, die dem wissenschaftlichen Geiste jener Zeit alle Ehre machen. Zu diesen Theorien gehört die Dodd-Andersonsche über die Wanderzüge des Herings. Zuerst 1728 von dem Engländer Dodd aufgestellt, wurde sie von dem gelehrten Hamburger Bürgermeister Johann Anderson, dem Freunde Leeuwenhoeks und anderer bedeutender Naturforscher seiner Zeit, im einzelnen ausgebildet und dargelegt. Nach ihr ist bekanntlich die wahre Heimat der großen Heringsscharen das eisbedeckte Polarmeer. Von ihm aus zieht ein gewaltiger Schwarm alljährlich nach Süden, um in verschiedene Äste gespalten allmählich an die Küsten Großbritanniens, Irlands und Norwegens bis zum Kanal und bis in die Ostsee hinein sich zu verteilen. Die durch die Menschen dezimierten Scharen sammeln sich schließlich wieder und kehren, von ihren inzwischen geborenen und herangewachsenen Nachkommen begleitet, nach der nordischen Heimat zurück.

Wir können jetzt beweisen, daß diese Andersonsche Theorie durchaus falsch ist. Trotzdem entsprach sie dem damaligen Zustande der Wissenschaft. Sie war wohlbegründet auf eine richtig beobachtete und auch jetzt noch bestehende Erscheinung in den Zügen des Herings.

Friedrich Heincke: *Geschichte der Heringsforschung*, in: Die Wunder des Meeres. Allgemeinverständliche Darstellung des Lebens und Treibens im Meere, der Tier- und Pflanzenwelt, der maritimen Einrichtungen und Nutzbarmachung des Meeres durch den Menschen, Berlin 1926, S. 332–333.

REISE IN DIE ÄQUINOKTIAL-GEGENDEN DES NEUEN KONTINENTS

Alexander von Humboldt

Auf der Reise von Europa in die »neue Welt« war Alexander von Humboldt auch auf dem Schiff fortlaufend mit der Beobachtung von Naturphänomenen befasst. Angesichts mehrerer kleinerer Eilande bemerkte er, wie lückenhaft die verwendeten Karten waren, und das trotz der ihnen zugeschriebenen Genauigkeit. Besonders deutlich traten die Vagheiten bei der Anlandung auf der Insel Graciosa hervor. Und das war für Humboldt der Anlass, darüber zu reflektieren, wie die Dinge allein aufgrund ihrer Vielzahl und durch die Brille des aufgeregten Naturforschers gesehen aus den bekannten klassifizierenden Rastern auszubrechen scheinen.

Am 17. morgens war der Horizont neblig und der Himmel leicht umzogen. Desto schärfer traten die Berge von Lanzarote in ihren Umrissen hervor. Die Feuchtigkeit erhöht die Durchsichtigkeit der Luft und rückt zugleich die Gegenstände scheinbar näher. Diese Erscheinung ist jedem bekannt, der einmal an Orten, wo man die Kette der Hochalpen oder der Anden sieht, hygrometrische Beobachtungen angestellt hat. Wir liefen, mit dem Senkblei in der Hand, durch den Kanal zwischen den Inseln Alegranza und Montaña Clara. Wir untersuchten den Archipel kleiner Eilande nördlich von Lanzarote, die sowohl auf der sonst sehr genauen Karte von de Fleurieu als auch auf der Karte, die zur Reise der Fregatte Flora gehört, so schlecht eingezeichnet sind. Die auf Befehl des Herrn Castries im Jahre 1786 veröffentlichte Karte des Atlantischen Ozeans macht dieselben irrigen Angaben. Da die Strömungen in diesen Gebieten ausnehmend stark sind, so mag die für die Sicherheit der Schiffahrt nicht unwichtige Bemerkung hier stehen, daß die Lage der fünf kleinen Inseln Alegranza, Clara, Graciosa, Roca del

Este und Infierno nur auf der Karte der Kanarischen Inseln von Borda und im Atlas von Tofiño genau angegeben ist, welcher letztere sich dabei an die Beobachtungen von Don José Varela hielt, die mit denen der Fregatte Boussole ziemlich übereinstimmen.

[…]

Nach den Angaben eines alten portugiesischen Seefahrers meinte der Kapitän der Pizarro, sich einem kleinen Fort nördlich von Teguise, dem Hauptort von Lanzarote, gegenüber zu befinden. Man hielt einen Basaltfelsen für ein Kastell, man salutierte es durch Aufhissen der spanischen Flagge und warf das Boot aus, um sich durch einen Offizier beim Kommandanten des vermeintlichen Forts erkundigen zu lassen, ob die Engländer in der Umgegend kreuzten. Wir wunderten uns nicht wenig, als wir vernahmen, daß das Land, das wir für einen Teil der Küste von Lanzarote gehalten, die kleine Insel Graciosa sei und daß es auf mehrere Meilen in der Runde keinen bewohnten Ort gebe.

Wir benützten das Boot, um ans Land zu gehen, das den Schlußpunkt einer weiten Bucht bildete. Ganz unbeschreiblich ist das Gefühl des Naturforschers, der zum erstenmal einen außereuropäischen Boden betritt. Die Aufmerksamkeit wird von so vielen Gegenständen in Anspruch genommen, daß man sich von seinen Eindrücken kaum Rechenschaft zu geben vermag. Bei jedem Schritt glaubt man einen neuen Naturkörper vor sich zu haben, und in der Aufregung erkennt man häufig Dinge nicht wieder, die in unseren botanischen Gärten und naturgeschichtlichen Sammlungen zu den gemeinsten gehören.

Alexander von Humboldt: *Reise in die Äquinoktial-Gegenden des Neuen Kontinents*, Hrsg. von Ottmar Ette, 4. Aufl., Bd. 1, Frankfurt am Main/Leipzig 1999, S. 89/96–97.

Samoa, Bismarckarchipel und Neuguinea. Drei deutsche Kolonien in der Südsee

Ernst von Hesse-Wartegg

Der Weltenbummler Ernst von Hesse-Wartegg bereiste 1900 Samoa, dessen westliche Inseln das Deutsche Reich gerade als Kolonie anektiert hatte, nachdem sich schon einige Jahrzehnte zuvor deutsche Wirtschaftsunternehmen dort angesiedelt hatten. Auf seinen Wanderungen stellte Hesse-Wartegg fest, wie wenig Orientierung die Karte des Gothaer Kartographen Paul Langhans, die vermeintlich genaueste Karte der Inseln, bot. Eine Übersicht über die geographische Beschaffenheit der Insel gibt es, so ließe sich folgern, im Kartenbild somit nicht – ein Umstand, der der von vielen gewünschten kolonialen Landnahme der Insel zuwiderlaufen dürfte, gehört die Ordnung des Raumes doch zu den Voraussetzungen kolonialer Besitzergreifung.

Statt am nächsten Morgen, nach Ueberreichung eines ergiebigen Trinkgeldes, nach Osten weiterzuwandern, unternahm ich noch einen Spaziergang nach der Landschaft Safata, um mich nach den Unterläufen der Flüsse umzusehen, deren Quellläufen ich am Tage zuvor im Gebirge gefolgt war. Wie überall in Samoa, so führt auch dorthin nur ein Fußpfad durch den weichen Küstensand, beschattet von Kokospalmen. Der größte Teil des zwischen Siumu und Mulivai in Safata liegenden Gebietes gehört der englischen Londonmission, die überhaupt eine Anzahl der schönsten und ertragreichsten Gegenden von Upolu schon längst erworben hat und dadurch, sowie durch die Zahlung des Zehenten, die sie ihren Gläubigen auferlegt, über recht bedeutende Mittel verfügt.

120

Auch die Karte von Langhans, die neueste und beste von Samoa, die mir hier zur Führung dienen sollte, ist derart unvollständig, daß sie eher irreführt. Verschiedene Flußläufe, Gebirgszüge, Ortschaften fehlen, und sogar Mulivai ist darauf nicht angegeben, obschon es der Wohnsitz des samoanischen Oberrichters, des einflußreichsten Häuptlings Suatele, sowie katholische Missionsstation ist, welcher Pater Leger, ein Franzose, vorsteht. Dafür ist auf der erwähnten Karte an der Westspitze der Insel in großen Lettern eine solche Station angegeben, die aber niemals existiert hat. Leider war Pater Leger gerade in Apia, und ich wanderte deshalb bald weiter. Nachdem ich schon vor Mulivai einen Fluß hatte übersetzen müssen, über welchen statt eine Brücke nur ein dünner Palmstamm gelegt ist, kamen wir nun an jenen wasserreichen Fluß, einen der größten von Upolu, dessen wiederholtes Passieren mir am Tage vorher so viel Schwierigkeiten verursacht hatte, und dessen Namen ich nicht erfahren konnte. Bei Langhans fehlt er vollständig.

Ernst von Hesse-Wartegg: *Samoa, Bismarckarchipel und Neuguinea. Drei deutsche Kolonien in der Südsee*, Leipzig 1902, S. 260–261.

Eine Fussnote zur Geschichte.
Acht Jahre Unruhen auf Samoa

Robert Louis Stevenson

Im Oktober 1890 zog der britische Autor Robert Louis Stevenson auf die Insel Samoa. In einer Art Reportage berichtete er alsbald über die sozialen und politischen Unruhen, die die koloniale Landnahme auf der Insel begleiteten. Mit Distanz schilderte Stevenson die Einrichtung einer Plantage durch die neuen deutschen Kolonialherren und das dazugehörige Befremden der Ortsansässigen. Die hier ins Werk gesetzte Umordnung der räumlichen Verhältnisse scheint der lokalen Bevölkerung vollends unverständlich, widerspricht sie doch ihrem Verständnis dessen, wie Nahrung anzubauen ist. Trotz ihrer Übersichtlichkeit ist die Plantage kein guter Ort und überhaupt erscheint es den Samoanern als ein Unding, auf diese Weise Nahrung nur für den Export zu produzieren.

Sie reiten durch eine deutsche Pflanzung und sehen keinen Busch, keine Seele sich rühren – nur Hektar auf Hektar leere Rasenschwarte, Meile um Meile Kokospalmenreihen, eine Nahrungsmittelwüste. In den Augen des Samoaners hat die Stätte den Reiz eines Parks für den Schulbub-auf-Sommerfrische, eines Kornhauses für Mäuse. Wir dürfen die noch lebhaftere Attraktivität eines Gespensterhauses hinzusetzen, denn über diesen leeren und lautlosen Meilen brütet die Furcht vor dem Negrito-Kannibalen. Davon abgesehen liegt für den Samoaner etwas Barbarisches, Unschönes und Absurdes in der Vorstellung, dergestalt Nahrung anzupflanzen, nur um sie aus dem Land zu verfrachten und zu verkaufen. Einer, der bei uns daheim aus ganz Yorkshire ein einziges Weizenfeld machen würde, um seine Ernte Jahr um Jahr auf dem Altar des großen Mumbo-Jumbo zu verbrennen, könnte uns kaum tiefer beeindrucken. Und die Firma, die das tut, kommt von ganz weit her, eine Fettgeschwulst, die man schon morgen ausquetschen könnte ohne Verlust, es sei denn den ihrer selbst: da wenige Eingeborene viel Tageslohn beziehen; und der Rest in ihr nur den Nutznießer dieser Hektar wahrnimmt. Die nächstgelegenen Dörfer haben am meisten gelitten: sie schauen über die Hecken und sehen auf den Ländereien ihrer Vorväter nutzlose Kokospalmen im Wind sich wiegen; und die Landverkäufe waren oft fragwürdig – wieviel öfter erst müssen sie den kummervollen Eingeborenen so vorkommen, wenn diese über der abendlichen Lampe ihr Erzählgarn nicht nur spinnen, sondern ausspinnen. Schlimmstenfalls wird es dann dem Samoaner, wenn sich jemand aus der Plantage selbstbedient, ganz so vorkommen wie dem britischen Schulbuben das Obstgartenstibitzen; bestenfalls wird es als ritterliche Robin-Hood'sche Readjustierung eines öffentlichen Mißstands gelten.

Robert Louis Stevenson: *Eine Fussnote zur Geschichte. Acht Jahre Unruhen auf Samoa*, Übersetzung von Wolfgang Schlüter, Hamburg 2001, S. 39–40.

Imaginieren und phantasieren

Von der Schwierigkeit, eine Linie zu ziehen

Wolfgang Struck

Nachdem Henri-Philippe-Absalon de Cantelar, Capitaine du Port von Fort de France auf der Karibikinsel Martinique, innerhalb eines Jahres, 1893, gleich drei Flaschenpostbotschaften gefunden hat, zeichnet er eine Karte. Schemenhaft sind darauf die amerikanische und die afrikanische Küste, die eigene und noch einige andere Inseln zu erkennen, den größten Teil nimmt jedoch die leere Fläche des atlantischen Ozeans ein. Dann nimmt de Cantelar sein Lineal, um mit roter Tinte drei schnurgerade Linien zu ziehen, die Martinique mit drei Punkten in diesem Nichts verbinden: den nun zu Orten gewordenen Stellen, an denen Schiffskapitäne die Flaschen ausgesetzt hatten. Einer von ihnen war C. Sass, Kapitän des deutschen Dampfschiffes *Elberfeld*. Auf der Reise von Antwerpen nach Australien hatte er am 9. April 1893 bei 27°38′ nördlicher Breite und 16°2′ westlicher Länge von Greenwich eine Flasche ausgesetzt (S. 129), die am 29. Dezember auf Martinique von dem Matrosen Jean Baptiste Charler gefunden und dem Hafenmeister übergeben wurde. Wir wissen nicht, ob der deutsche Kapitän jemals Fort de France angelaufen hat. Die rote Linie in de Cantelars Karte aber verbindet nicht nur zwei abstrakte geographische Punkte, sondern auch die Männer, die sich in den Dienst eines der größten wissenschaftlichen Projekte des 19. Jahrhunderts gestellt haben: der Enträtselung des Meeres.

Es ist ein Formular der Deutschen Seewarte, das der Kapitän in einer Flasche im Meer ausgesetzt hat, die ein Matrose gefunden und dem Hafenmeister übergeben hat, der es dann mit der selbstgezeichneten Karte, der Anweisung des Formulars folgend, nach Hamburg zurückgeschickt hat. Dort hat Georg Neumayer, Direktor der Seewarte, Formular und Karte in ein Album eingeklebt, in dem sie, zusammen mit über tausend ähnlichen Botschaften, heute noch zu finden sind (S. 129). Solche Flaschenposten sind für die frühe Ozeanographie ein ebenso wichtiges wie umstrittenes Instrument. Sie dienen dazu, Mee-

126

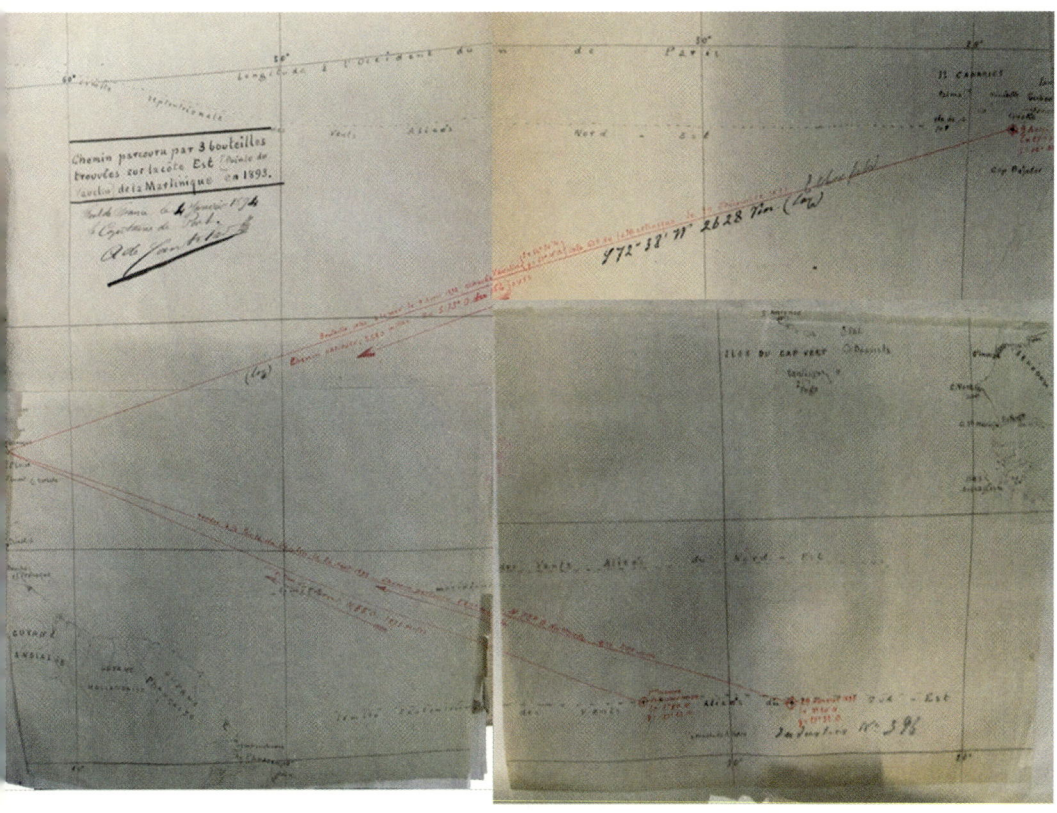

resströmungen zu kartieren und so den amorphen, wässrigen Raum in einen strukturierten Körper zu verwandeln, von Strömungen durchzogen wie ein lebendiger Organismus von Adern. Allerdings kann niemand sagen, auf welchen abenteuerlichen Wegen die Flaschen tatsächlich an ihr Ziel gelangen, und so schaffen Linien wie die des Hafenmeisters auf den Seekarten eine trügerische Evidenz: »Bottle Fallacy« hat der englische Polarforscher Sir John Ross abfällig geschrieben; der deutsche Kartograph August Petermann hat das mit »Flaschenschwindel« übersetzt.

Nicht zu leugnen ist aber, dass Flaschenposten erstaunliche Strecken zurückzulegen vermögen. Bereits die erste in Neumayers Sammlung ist von Kap Horn bis an die australische Südküste gereist, und solche spektakulären Funde zeugen, trotz der Unsicherheit über die tatsächlich eingeschlagene Route, von einem Weltmeer, das einen kontinuierlichen, zusammenhängenden Raum bildet (S. 136–139). Anschaulich wird dieses Kontinuum in Karten wie Hermann Berghaus' »Chart of the World«. Statt Flaschenpostreisen sind hier Dampfschifffahrtslinien und unterseeische Telegraphenkabel zu sehen, aber auch sie lassen das Weltmeer als einen von Adern durchzogenen Organismus erscheinen (S. 92/93).

Auf Karten formt sich eine Welt, in der Flaschen ebenso wie Menschen, Waren und Informationen zirkulieren können. So sind die großen Weltreisenden des 19. Jahrhunderts Kartenreisende: Phileas Fogg etwa, den Jules Verne 1873 »In 80 Tagen um die Welt« reisen lässt, ist vor allem ein souveräner Karten- und Kursbuchleser. Petermann hatte bereits fünf Jahre zuvor vorgerechnet – und auf Berghaus' »Chart of the World« anschaulich werden lassen –, wie man fahrplanmäßig mit Dampfschiffen und Eisenbahnen in genau dieser Frist die Welt umrunden kann.

Aber auch »Die Kinder des Kapitän Grant«, die Verne bereits 1868 auf der Suche nach ihrem verschollenen Vater um die Welt reisen lässt, sind Kinder der Kartographie. Als sie aufbrechen, kennen sie nur den Breitengrad, auf dem der Verschollene zu finden ist. Eine Flaschenpost hat zwar dessen Hilferuf aus dem Südpazifik bis an die schottische Küste transportiert – derart spektakuläre Reisen finden sich selbst in Neumayers Sammlung nicht, sie sind der Literatur vorbehalten –, aber eindringendes Seewasser hat einen Teil der Botschaft ausgelöscht. Und so beschließen die Suchenden, in schnurgerader Linie den Parallelkreis, es ist der 37. auf der Südhalbkugel, entlangzureisen (S. 140–143). Möglich erscheint das, dank eines Dampfschiffs modernster Technik, da diese Linie nur kurz festes Land kreuzt. Denn Dampfschifffahrt und moderne Navigationskarten haben das Weltmeer in einen erdumspannenden Transitraum verwandelt. Während die Kontinente dem Weltverkehr nach wie vor kaum zu überwindende Hindernisse entgegensetzen, sind Orte an noch so entfernten Küsten zu Nachbarn geworden. Das jedenfalls behauptet, in einer »Hymne auf den Ozean«, Jacques Eliacim François-Marie Paganel, ein Kartograph, der sich auf das Schiff der Kinder des Kapitän Grant verirrt hat und nun das Experiment anleitet, den Globus auf einer schnurgeraden Linie zu umrunden. Es ist eine zutiefst kartographische Phantasie, die hier inszeniert wird. Linien sind deren eigentliche Protagonisten, und nirgendwo nehmen sie so einfache geometrische Formen an wie auf den Seekarten.

So gelangt man, der imaginären Linie des 37. Grades folgend, tatsächlich zu der Insel, auf der der Verschollene schließlich gefunden wird. Allerdings gelingt das nur auf der Karte, und nur während einiger Jahrzehnte. Maria Theresia, Vernes Verscholleneninsel, ist eine Phantominsel. Das Logbuch eines Walfängers hatte Hinweise auf eine Insel gegeben, die amerikanische Ozeanographen daraufhin als Maria Theresia Rock in das Verzeichnis möglicher Gefährdungen der Seefahrt aufnahmen. Dies werteten die Kartographen aus, die für die britische Admiralität erstmals einen Satz großformatiger Seekarten für den ge-

128

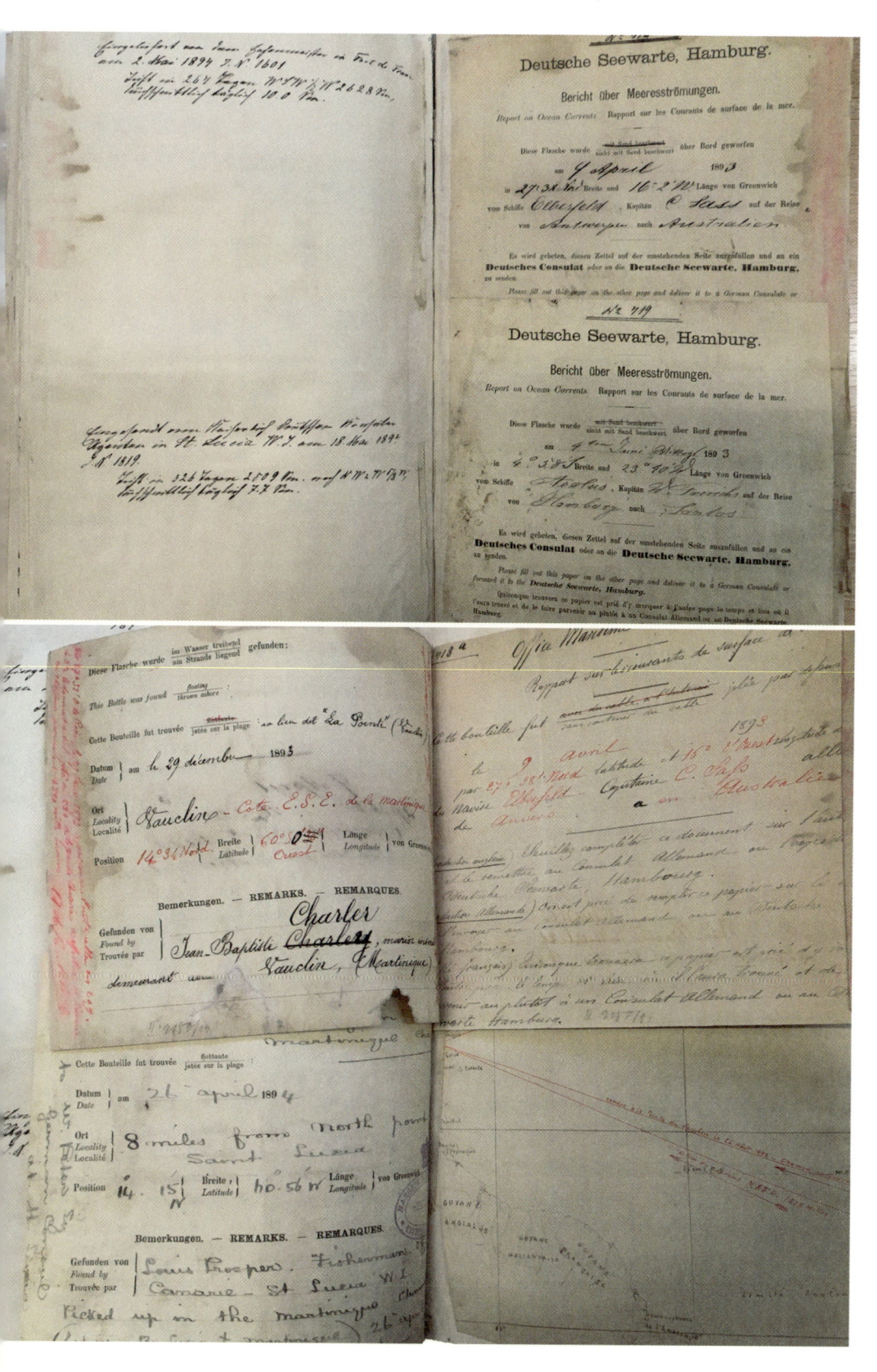

Als sie das Logbuch eines Walfängers auswerteten, lasen Ozeanographen »breakers«, wo »breaches« stand. Und so wurde aus einem Wal eine Insel, die sich als *Maria Theresia Rock* auch auf der Karte findet, die 1857 beweisen sollte, dass *Der Grosse Ocean* keine *terra incognita* europäischen Wissens mehr war. In Jules Vernes Roman *Die Kinder des Kapitän Grant* verbringen drei Verschollene viele Jahre auf dieser Phantominsel.

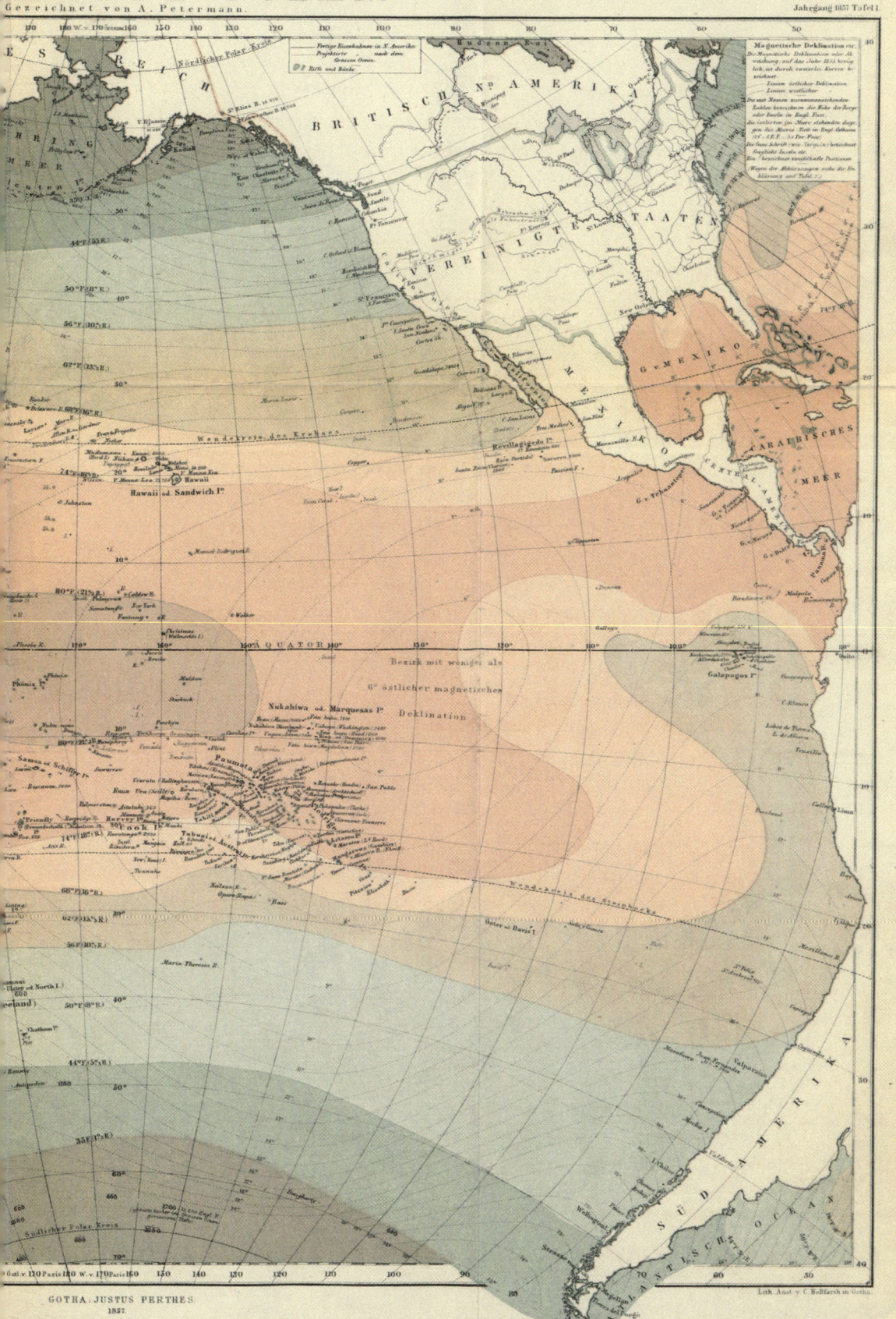

samten Pazifischen Ozean erstellten. Von dort fand Maria Theresia dann den Weg in europäische Atlanten, auch in denjenigen Vernes, bis sie, nach mehreren vergeblichen Versuchen, sie in der Welt jenseits geographischen Datenmaterials aufzufinden, wieder aus den Karten getilgt wurde.

Auch »Der Grosse Ocean«, eine Karte, auf der August Petermann die britischen Seekarten auf ein einzelnes, mit einem Blick zu überschauendes Blatt reduziert hat, verzeichnet Maria Theresia Rock. Nicht wegen solcher Phantominseln jedoch ist »Der Grosse Ocean« ein Produkt der Imagination (S. 130/131). Sichtbar werden soll hier etwas anderes: eine geopolitische Konstellation, die in die Zukunft ausgreift. Wie die Figuren auf einem Schachbrett, so schreibt Petermann in seinem Kartenkommentar, seien die Weltmächte und ihre Kolonien – die Vereinigten Staaten von Amerika, China, Japan, Russland, England und Frankreich – um den Pazifik herum aufgereiht, wartend auf den ersten Zug, der Völkerwanderungen, Warenströme oder militärische Invasionen in Bewegung setzen würde. Jene neuen, globalen Nachbarschaften, die Vernes »Hymne auf den Ozean« an den Rändern der Meere entstehen sieht, und die eine Karte wie »Der Grosse Ocean« vor Augen stellt, haben auch etwas Unheimliches an sich (S. 144–145). Sie sind Zeugen einer Zukunft, die man ahnen, vielleicht auch berechnen, aber niemals ganz genau vorhersehen kann.

Zu einer Art kollektiver Paranoia verdichtet sich das kartographische Unbehagen im Vorfeld des Ersten Weltkriegs, nicht zuletzt, weil mit dem Deutschen Reich ein neuer, schwer berechenbarer *Global Player* auf dem Spielfeld aufgetaucht ist, das sich nun auch wieder bis in die europäischen Randmeere hinein ausdehnt. Das ruinöse Wettrüsten, in das sich insbesondere Deutschland und England stürzten, schürte auch die Angst, neben dem offen und stolz ausgestellten Kriegsmaterial, allem voran die immer größeren Schlachtschiffe, könnten im Verborgenen noch weit bösartigere Waffen geschmiedet werden. Und so schien es lebensnotwendig, dem Gegner tatsächliche oder vermeintliche Geheimnisse zu entreißen.

Davon zeugt »Das Rätsel der Sandbank« (The Riddle of the Sands) des britisch-irischen Schriftstellers und späteren Sinn Féin-Politikers Erskine Childers: Zwei junge englische Sportsegler entdecken in dem 1903 erschienenen Roman vor der ostfriesischen Küste Spuren eines geheimen Rüstungsunternehmens der deutschen Marine, die eine Invasionsflotte aufbaut, geeignet, die britische Küste zu erreichen (S. 146–151). Plausibilität gewinnen ihre Beobachtungen aber erst im Blick auf die Karten; einerseits die Seekarten der deutschen Küste, mit deren Hilfe die beiden Segler nicht nur ihren Weg durch das herbe Idyll der Wattenmeerküste finden (S. 134/135), sondern auf denen sie auch die militärische Bedeutung der schwer zu navigierenden Gewässer erkennen, andererseits die Weltkarte, die diese strategischen Überlegungen in einen geopolitischen Rahmen einfügt und zugleich den eigenen Erfahrungsraum ins Globale übersetzt, in ein Spiel, in dem es um nicht weniger geht als die Weltherrschaft.

Im Nebel des Wattenmeeres, eingeschlossen von trügerischen Kanälen, Prielen und Sandbänken, machen die Beiden jedoch noch eine andere Erfahrung: Wie schwer es ist, einen vorgeplanten Kurs zu halten, eine gerade Linie zu ziehen, sobald man die Welt der Karten verlassen hat (S. 149/150).

Karten sind immer auch ein wenig Science-Fiction, ein Ort, an dem sich Wirklichkeit und Fiktion ineinander verschlingen. Das ist schon beim Navigieren so, denn auch in dessen nüchternster Praxis geht es ja nicht nur darum, den eigenen Standort zu bestimmen, sondern auch über mögliche Routen zu entscheiden. Deutlicher tritt die phantastische Dimension der Karten da hervor, wo nicht nur der Kurs für die nächsten Meilen oder Tage geplant wird, sondern wo vor Augen tritt, was nirgendwo sonst gesehen werden kann: ein ganzer Ozean, oder gar die ganze Welt auf einmal nämlich, oder all jene Hafenstädte oder Inseln, die niemand *alle* wird besuchen können. So zeigt die Karte nicht eine, sondern alle möglichen Reisen. Auch literarische Erzählungen schöpfen aus der Fülle des Möglichen, aber reduzieren die Potentialität wieder auf einzelne Reisen, egal, ob diese nun wirklich ausgeführt oder nur imaginiert werden. So oder so stellt sich für die einzelne Reise die Frage der Realisierbarkeit sehr viel drastischer als beim Blick oder bei der Fingerreise über ein Kartenblatt. So streiten sich Karte und Erzählung darum, wo die Welt wirklicher, wo sie phantastischer erscheint (S. 153–156).

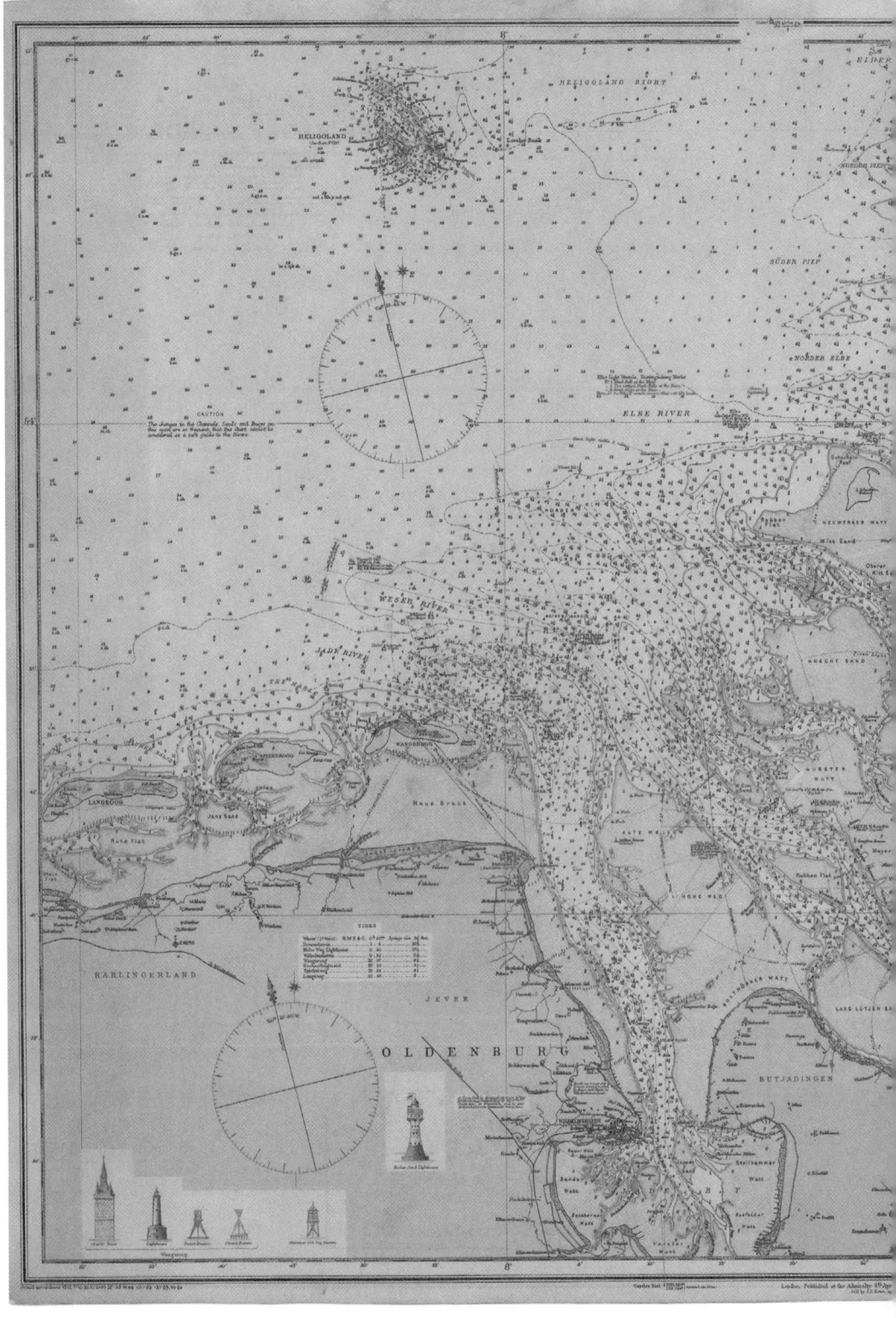

Elbe, Weser and Jade Rivers. Compiled from the Imperial German Government Charts, 1889: »Von dort aus kann Deutschland sozusagen seinen Kopf ins Freie stecken«, heißt es 1903 in Erskine Childers Roman »Das Rätsel der Sandbank« (S. 147).

NORTH SEA

ELBE, WESER AND JADE RIVERS

COMPILED FROM THE IMPERIAL GERMAN GOVERNMENT CHARTS, 1889.

SOUNDINGS IN FATHOMS

CONTINUATION OF THE ELBE
TO HAMBURG

DIE FLASCHENPOST

Georg Neumayer

Flaschenposten gehören zu den Instrumenten, mit denen die Ozeanographen des 19. Jahrhunderts die Ozeane kartieren. Georg Balthasar Neumayer, 1872 zum Hydrographen der preußischen Admiralität ernannt und ab 1875 erster Direktor der Deutschen Seewarte, setzte auf seinen ausgedehnten Seereisen immer wieder solche driftenden Botschaften aus, um das System der Meeresströmungen – »jener grossen Adern, die den Ocean nach allen Richtungen durchziehen« – zu erkunden. 1868 gelangte ein »Flaschensegler« zu ihm zurück, der davon zeugte, wie ein solch »zerbrechliches Fahrzeug« – wie ein geschickter Kursbuchleser von Strömung zu Strömung springend – einmal um die Welt zu reisen vermöchte.

Es ist ein alter Gebrauch unter den Seeleuten, Nachrichten, die sie ja so häufig ausser Stand sind auf andere Weise zu verbreiten, in Flaschen eingeschlossen den Wellen des Oceans anzuvertrauen. Sei es, dass die Mannschaft eines sinkenden Schiffes die letzte einzig mögliche Nachricht über ihr Schicksal, welches sonst vielleicht auf immer in Dunkel gehüllt bleiben würde, jenen zuführen will, deren Liebe oder deren Interesse das Schiff in seinem gefahrvollen Laufe begleitet, sei es, dass ein an den Strand einer wüsten Insel geworfener Seefahrer günstigen Meeresströmungen vertrauend seinen Aufenthalt kund zu geben beabsichtigt, damit ihm Rettung werde, sei es endlich auch nur, um Zeugnis abzulegen über die Richtung jener grossen Adern, die den Ocean nach allen Richtungen durchziehen und Bewegung und Leben in der unendlichen Wassermasse erzeugen, immerhin bietet die Flasche in allen diesen Fällen ein erwünschtes Mittel. Mit einem interessanten Falle dieser letztern Art wollen wir uns hier etwas näher beschäftigen. [...]

Im Laufe meiner letzten Reise von Australien nach England auf dem ›Garrawalt‹ warf ich 45 solcher Flaschen über Bord, während mein längjähriger Bedienter, Eduard Brinkmann, der auf der ›Norfolk‹ die Reise machte und die Instruktion hatte, eine Anzahl solcher Notizen auszusenden, andere zwölf zu diesem Zwecke gebrauchte. Am 14. Juli 1864 um Mittag war die ›Norfolk‹ in 56° 40′ S. Br. und 66° 16′ Westl. L. von Greenwich, also hatte sie eben den Meridian des Kap Hoorn passirt und befand sich im Süd-Atlantischen Ocean. Es wurde einer der von mir vorgeschriebenen Zettel ausgefertigt, welcher auch überdies noch das Ersuchen an den etwaigen Finder enthielt, denselben, nachdem Name des Finders, Ort, Zeit und begleitenden Umstände des Auffindens genau angegeben wurden, an meine Adresse zu versenden. Mit der letzten Australischen Post erhielt ich nun diesen Zettel nach Vorschrift ausgefüllt wirklich zurück. Die Flasche, die ihn enthielt, wurde an der Küste von Victoria in Australien auf dem sandigen Gestade in der Nähe von Yambuck in 38° 20′ Südl. Br. und 142° 11′ Ostl. L. von einem gewissen O'Donohue am 9. Juni 1867 um Mittag aufgefunden. [...]

Wollen wir nun ein Mal die Reise-Route etwas näher zu erforschen suchen, welcher unsere Flasche gefolgt sein muss. Es wurde dieselbe zweifelsohne von der sogenannten Kap Hoorner Strömung, 45 bis 50 Meilen per Tag zurücklegend, eine gute Strecke in den Süd-Atlantischen Ocean hinausgeführt, zugleich aber auch von der in den Wintermonaten stärkeren La Plata-Strömung verhindert, nach niederen geographischen Breiten zu gelangen. Geraume Zeit mag sie in der eisfreien, von Seetang umgürteten Gegend unter dem Einflusse der nordöstlichen antarktischen Drift herumgetrieben sein, bis sie durch einen glücklichen Zufall und günstige Winde in den Bereich jener Strömung kam, welche südlich vom Kap der Guten Hoffnung nach Osten fliesst. Diese Strömung hat stellenweise eine tägliche Bewegung von 20 bis 35 Naut. Meilen und vermochte unsere Flasche nach den Ufern Australiens, von wo sie ursprünglich gekommen, zurückzuführen. Die kürzeste Entfernung auf dieser wahrscheinlichen Route vom Kap Hoorn bis zum Fundorte beträgt 9600 Meilen, während die wirklich kürzeste Entfernung zwischen beiden Orten nur die Hälfte ist. Dieser letzteren aber konnte die Flasche unmöglich gefolgt sein, weil Strömungen, Eis und die Configuration des antarktischen Continentes dies nicht gestattet hätte. Nehmen wir nun an, dass die ersten tausend Meilen in 25 Tagen zurückgelegt wurden und dass sie ferner die letzten 5400 Meilen, von dem Punkte an, wo sie die Strömung nach Osten berührte, bis Australien, mit etwa 20 Meilen per Tag zurücklegte, so bleiben noch 765 Tage für die Zeit innerhalb der antarktischen Drift, welche sie mit Nord- und Südwärtsziehen verbrachte, bis sie endlich so weit nach Osten vorgerückt war, dass sie das im September 1866 nordwärts ziehende Eis jener Ostströmung zuführen konnte. [...]

Als ich im Jahre 1864 zur Bestimmung der magnetischen Constanten in Hobarton war, wurde mir ein Seitenstück zu der eben besprochenen Flaschenreise mitgetheilt und in allen Einzelheiten verbürgt. Der Amerikanische Walfischfahrer ›Pacific‹ fand im April 1861 in der Nähe der Chatham-Inseln (43° 48′ Südl. Br. und 178° 56′ Westl. L.) ein Fass mit Walfischthran, welches nach Zeichen und Schrift dem Schiffe Ely gehört hatte. Dieses Schiff aber scheiterte im November des Jahres 1859 an der McDouald-Gruppe in 53° Südl. Br. und 73° Östl. L. und es zeigte sich so, dass jenes Fass in 510 Tagen 4380 Meilen zurückgelegt hatte [...] Es mußte im Süden von Tasmania und Neu-Seeland, nachdem es die Äquatorialströmung im Westen dieses letzteren Landes glücklich überwunden, zu dem Orte gelangt sein, wo es gefunden wurde. Nimmt man diese beiden Routen zusammen, so haben wir eine Distanz von 13.980 Meilen, welche ungefähr die Länge einer Flaschenreise um die Welt in jenen Gegenden repräsentieren würde, und da auch von Chatham Island bis Kap Hoorn die Schwierigkeiten, das Eis etwa abgerechnet, kaum grösser sein dürften, als auf der von unserer Flasche durchreisten Strecke, so darf man wohl annehmen, dass unter günstigen Costellationen eine solche Flasche die Reise um die Welt vom Kap Hoorn bis zur Süd-Westküste Amerika's in etwa 4 Jahren und 93 Tagen vollbringen könnte.

Georg Neumayer: *Die Flaschenpost,* in: Mittheilungen aus Justus Perthes' Geographischer Anstalt über wichtige neue Erforschungen auf dem Gesammtgebiete der Geographie, Bd. 14 1868, S. 99f.

DIE KINDER DES KAPITÄN GRANT

Jules Verne

Irgendwo auf dem 37. Grad südlicher Breite ist ein schottischer Kapitän verschollen. Ein Suchtrupp, ausgerüstet mit einem modernen Dampfschiff und aktuellen Land- und Seekarten, macht sich auf, ihn in die Welt zurückzuholen. Jules Vernes Roman »Die Kinder des Kapitän Grant« erzählt im gleichen Jahr 1868, in dem Georg Neumayer von seinem ersten, spektakulären Flaschenfund berichten kann, von einer noch abenteuerlicheren Flaschenpost. Von einer einsamen Insel im Südpazifik ist sie bis an die Küste Schottlands gelangt. Da aber nur der Breitengrad noch lesbar ist, löst der Fund eine ebenso abenteuerliche Reise um die Welt aus, getragen von der Phantasie, dabei einer schnurgeraden Linie folgen zu können. Und Jacques Eliacim François-Marie Paganel, Geograph, unfreiwilliger Teilnehmer und Mastermind dieser Reise, stimmt eine Hymne auf den Ozean an.

1) Der siebenunddreißigste Parallelkreis
[2. Teil, 1. Kapitel (S. 253f.)]

Ich wünsche demnach, fuhr Mac Nabbs fort, daß wir eine letzte Prüfung vornehmen, bevor die Richtung nach Australien eingeschlagen wird.

— Hier sind die Documente und hier sind Karten. Gehen wir nach einander alle diejenigen Punkte durch, welche der siebenunddreißigste Parallelkreis schneidet, und sehen wir, ob sich nicht ein anderes Land findet, auf welches das Document genau hinweisen möchte.

— Nichts ist leichter und kürzer, antwortete Paganel, denn glücklicherweise ist kein Ueberfluß von Ländern in dieser Breite.

— Nun, wir wollen sehen, sagte der Major, und breitete einen englischen nach Mercator's Projection entworfenen Planiglob aus, der auf einem Blatt die ganze Erdkugel darstellte.

Die Karte wurde vor Lady Helena gelegt und Jedermann stellte sich so, um Paganel's Darlegungen folgen zu können.

Wie ich Ihnen schon mitgetheilt habe, sagte der Geograph, trifft der siebenunddreißigste Breitengrad, nachdem er Süd-Amerika durchschnitten hat, auf die Inseln Tristan d'Acunha. Jedenfalls bin ich der Meinung, daß kein Wort aus den Documenten auf diese Inseln Bezug hat.

Nach genauester Prüfung der Documente mußte man zugeben, daß Paganel Recht habe. Tristan d'Acunha wurde einstimmig verworfen.

Weiter, fuhr der Geograph fort. Beim Verlassen des Atlantischen Oceans kommen wir zwei Grad unter dem Cap der Guten Hoffnung vorbei und gelangen in den Indischen Ocean. Nur eine einzige Inselgruppe findet sich dort auf unserm Wege, die der Amsterdam-Inseln. Wir wollen sie derselben Prüfung wie Tristan d'Acunha unterziehen.

Nach aufmerksamster Durchsicht wurden die Amsterdam-Inseln ihrerseits ausgeschieden.

Kein einziges ganzes oder zerstückeltes deutsches, englisches oder französisches Wort paßte auf diese Gruppe des Indischen Oceans.

Wir gelangen nun zu Australien, fuhr Paganel fort; der siebenunddreißigste Parallelkreis trifft diesen Continent am Cap Bernouilli, er verläßt ihn bei der Twofold-Bai. Sie werden mit mir, und ohne dem Texte Zwang anzuthun, übereinstimmen, daß das englische Wortstück … stra und das französische austral sich auf Australien beziehen können. Die Sache ist so einleuchtend, daß ich nicht weiter darauf eingehe.

Jedermann billigte Paganel's Schlußfolgerungen. Dieses System vereinte alle Wahrscheinlichkeiten zu seinen Gunsten.

Gehen wir weiter, sagte der Major.

— Recht gern, erwiderte der Geograph, die Reise ist sehr leicht. Verläßt man die Twofold-Bai und überschreitet den Meeresarm, der im

Osten Australiens hinzieht, so trifft man auf Neu-Seeland. Vor Allem will ich Sie daran erinnern, daß das Wort contin … aus dem französischen Schriftstücke unwiderleglich auf einen ›Continent‹ hindeutet. Kapitän Grant kann also keine Zuflucht auf Neu-Seeland, da dieses nur eine Insel ist, gefunden haben. Doch wie dem auch sei, prüfen Sie, vergleichen Sie, wenden Sie die Worte und sehen, wenn es möglich ist, ob sie auf diese neue Gegend passen könnten.

— Auf keinerlei Weise, antwortete John Mangles, der die Documente und den Planiglob mit möglichster Sorgfalt prüfte.

— Nein, sagten die Zuhörer Paganel's, und der Major selbst, nein, von Neu-Seeland kann keine Rede sein.

— Und nun, fuhr der Geograph fort, durchschneidet der siebenunddreißigste Breitegrad in dem ganzen ungeheuren Raum, der diese große Insel von der amerikanischen Küste trennt, nur noch eine unfruchtbare und verlassene Insel.

— Und diese heißt? … fragte der Major.

— Betrachten Sie die Karte. Es ist die Insel Maria Theresia, ein Name, von dem ich in den drei Documenten keine Spur entdecke.

— Keine Spur, bestätigte Glenarvan.

2) Eine Hymne auf den Ozean [2. Teil, 3. Kapitel]

»O, das Meer! Das Meer! wiederholte Paganel, das ist das auserwählte Feld für die Entfaltung der menschlichen Kräfte und das Schiff ist der wahre Träger der Civilisation. Wäre die Erdkugel nur ein ungeheurer Continent gewesen, man kennte auch im 19. Jahrhundert kaum den tausendsten Theil davon! Betrachten Sie die Zustände im Innern großer Festlandmassen. In den Steppen Sibiriens, in den Ebenen Innerasiens, in den Wüsten Afrikas, in den Prairien Amerikas, in den ungeheuren Binnenländern Australiens, in den eisigen Oeden an den Polen wagt der Mensch kaum den Fuß vorwärts zu setzen; der Kühnste weicht zurück, der Muthigste unterliegt. Man kann nicht hindurchgelangen. Die Transportmittel sind unzulänglich. Die Hitze, die Krankheiten oder die Wildheit der Eingeborenen bilden ebensoviel unübersteigliche Hindernisse. Zwanzig Meilen Wüste scheiden die Menschen mehr, als fünfhundert Meilen Ocean! Man ist sich nahe von einer Küste zur andern, man ist sich fremd, wenn nur ein Wald uns trennt!

England grenzt an Australien, während Aegypten z.B. Millionen Stunden weit vom Senegal entfernt, und Peking der Antipode von St. Petersburg zu sein scheint! Ueber das Meer reist man jetzt bequemer, als durch die kleinste Wüste, und ihm ist es zu verdanken, daß sich, wie es ein amerikanischer Gelehrter* ganz richtig ausdrückt, zwischen allen Theilen der Erde eine Art internationaler Verwandtschaft herausgebildet hat.«

Paganel sprach mit Feuer, und selbst der Major verwarf diesmal kein Wort dieser Hymne auf den Ocean. Wenn es zur Aufsuchung Harry Grant's nöthig gewesen wäre, in der Linie des siebenunddreißigsten Breitengrades einen Continent zu durchmessen, hätte man das Unternehmen kaum wagen können; jetzt war aber das Meer da, die kühnen Forscher von einem Lande zum andern zu tragen, und am 6. December schon, beim ersten Tagesgrauen ließ es einen neuen Berg auf seinem Wellenschoße auftauchen.

* Der Lieutenant Maury.

Jules Verne: *Die Kinder des Kapitän Grant*, in: Bekannte und unbekannte Welten. Abenteuerliche Reisen von Julius Verne, Band XI–XIII, Wien/Pest/Leipzig 1876.

DER GROSSE OCEAN.
EINE PHYSIKALISCH-GEOGRAPHISCHE SKIZZE

August Petermann

Der Kartograph August Petermann fasst 1857 das zeitgenössische Wissen in einer Karte zusammen, die gleichzeitig eine realistische Darstellung des Pazifischen Ozeans bietet und einen phantastischen Ausblick in eine kommende Welt. »Der Grosse Ocean« übersetzt das navigatorische Wissen der präzisesten Seekarten der Zeit in eine geopolitische Phantasie von kommenden Völkerwanderungen, Handelsimperien und dem militärischen Ringen um Weltherrschaft.

Der Grosse Ocean, herkömmlicher, aber unberechtigter Weise auch »Stilles Meer« genannt, drängt sich als Schauplatz grossartiger, gewaltiger Ereignisse mehr und mehr in den Vordergrund unserer Zeit. Der Grosse Ocean mit seinem Litoral wird dereinst allem Anscheine nach der Haupt-Tummelplatz sich einander berührender Thätigkeit und Interessen der herrschenden Völker unseres Planeten werden. Engländer und Amerikaner, Franzosen und Russen, Chinesen und Japaner stehen, wie die Haupt-Figuren auf einem grossen Schachbrett, neben einander oder gegenüber, um – eine jede die ihrer Eigenschaft und Machtstellung entsprechenden – Züge zu thun. Die Thatkraft und Industrie unseres Jahrhunderts bietet in der Dampf-Schifffahrt das Haupt-Mittel, um von einem Punkte zum andern zu rücken, und der elektrisch Faden, von Europa östlich und westlich entlang gleitend, wird bald das Litoral dieses Beckens doppelt umschliessen, um der übrigen Welt von den noch bevorstehenden Ereignissen augenblicklich Kunde zu geben.

Eine kartographische Darstellung des Grossen Oceans wird deshalb in unserem Journal zeitgemäss und unseren geehrten Lesern nicht unwillkommen sein. Wir haben sie in der Projektion eines Planigloben gezeichnet, die eine viel richtigere Vorstellung von Form und Ausdehnung giebt, als eine Mercator's-Karte, welche z.B. die Entfernung zwischen

144

dem Kap Horn und Australien beinahe noch einmal so gross angiebt, als sie in Wirklichkeit ist. Unsere Karte ist eine genaue Reduktion der theilweise noch unpublizirten grossen, von der Englischen Admiralität herausgegebenen Karte dieses Meeres in zwölf Blättern Adler-Format und in einem 6 bis 15 mal grössern Maasstabe als die unsrige.

[…]

Wenn jedoch diese Karte zahlreiche Irrthümer und Mängel, wie sie auf allen bisherigen Karten dieses Theiles der Erde enthalten sind, nicht trägt, so ist sie demunerachtet nicht frei davon. Denn so oft auch das Grosse Meer befahren und durchforscht worden ist, so fehlt noch viel, um eine ähnliche genaue und umfassende Kenntniss von dem selben und seinen Insel-Gruppen zu besitzen, als vom Atlantischen Ocean. Fast alle Schiffe steuern einen und denselben Haupt-Kurs, wie ihre Vorgänger, und berühren desshalb Punkte, die schon längst bekannt sind, während die weniger bekannten selten besucht werden. Expeditionen aber, die, wie jene von Cook und in neuerer Zeit die von Wilkes, nicht bloss von einem Ende zum andern durchsegeln, sondern Monate und Jahre hindurch die weniger oder gar nicht besuchten Theile nach allen Richtungen hin durchkreuzen, kommen nur selten vor. Zwar haben die zahlreichen Amerikanischen Walfischfänger in den letzten Jahrzehnden wohl kaum einen Bezirk unberührt gelassen und viele hundert Kurse ihrer und anderer Amerikanischen Schiffe sind durch die energische Thätigkeit des Amerikanischen Hydrographen Lieutenant Maury niedergelegt, aber trotz alledem sind zahlreiche Inseln des Grossen Meeres noch zweifelhaft oder ihre Position nicht genau bestimmt.

August Petermann: *Der Grosse Ocean. Eine physikalisch-geographische Skizze*, in: Mittheilungen aus Justus Perthes' Geographischer Anstalt über wichtige neue Erforschungen auf dem Gesammtgebiete der Geographie, Bd. 3 1857, S. 27f.

Das Rätsel der Sandbank.
Ein Bericht des Geheimdienstes

Erskine Childers

Zwei junge englische Freizeitsegler kommen einem geheimen Rüs-
tungsprojekt auf die Spur: An der ostfriesischen Küste lässt die deut-
sche Marine Truppentransporter für eine Invasion Englands bauen. Ein
Klassiker der Spionage-Literatur, ein Zeugnis der Seemachtsparanoia
im Vorfeld des Ersten Weltkriegs, zugleich aber auch das faszinierende
Portrait einer einzigartigen Küstenlandschaft – und der Karten, die sie
erschließen.

1) Sandbänke und die Grenzen imperialer Macht
Davies setzte sich aufrecht an den Tisch, entrollte die Seekarte mit
einem kräftigen Schwung beider Hände und nahm seine Geschichte
mit frischem Eifer wieder auf.

[…] ›Nun –‹ (er machte eine Pause, schnaufte und bemühte sich,
logisch und deutlich zu sein), ›nun – also schau dir mal die Karte an.
Nein noch besser schaust du zuerst auf diese Deutschlandkarte. Sie
hat einen kleinen Maßstab, und du kannst alles erkennen.‹ Er griff
im Regal nach einer Taschenkarte und entfaltete sie. ›Hier ist dieses
große Reich, das, wie ich glaube, an Menschen, Wohlstand und allem
wie Feuer sich ausbreitet. Die Deutschen haben die Franzosen und die
Österreicher besiegt und sind die größte Militärmacht in Europa. Ich
wollte, ich wüßte mehr darüber. Aber was mich beschäftigt, ist ihre
Seemacht. Es ist für sie etwas Neues, aber sie ist schon recht stark,
und ihr Kaiser treibt sie mit aller Kraft voran. Er ist ein hervorragender
Bursche und jedermann kann erkennen, daß er recht hat. Sie haben
keine Kolonien, die der Rede wert sind, und sie müssen wie wir welche
haben. Ohne starke Marine können sie weder welche bekommen und
behalten noch ihren riesigen Handel schützen. Die Herrschaft über die

Meere ist heutzutage *die* Sache, nicht wahr? […] Nun, die Deutschen haben gegenwärtig nur eine kleine Flotte, aber sie ist verdammt gut, und sie bauen eifrig neue Schiffe. […] Nun, denk dir Deutschland als eine neue Seemacht‹, nahm er wieder auf. ›Der nächste Gedanke wäre, wie verläuft seine Küste? Sie ist sehr seltsam, wie du weißt, durch Dänemark geteilt, wobei der größte Teil östlich davon an der Ostsee liegt. Die ist praktisch ein Binnenmeer, dessen Zufahrt durch dänische Inseln versperrt wird. Diese Sperre zu umgehen, hat Kaiser Wilhelm den Kanal von Kiel zur Elbe gebaut, aber der könnte in Kriegszeiten leicht zerstört werden. Der weitaus wichtigste Teil der Küste liegt westlich von Dänemark an der Nordsee. Von dort kann Deutschland sozusagen seinen Kopf ins Freie stecken. Dort tritt es uns und Frankreich gegenüber, den beiden großen Seemächten Westeuropas, und dort liegen seine größten Häfen und seine reichsten Handelsplätze.

Nun muß es dir doch sofort auffallen, daß diese Küste lächerlich kurz ist. Von Borkum bis zur Elbe sind es nur siebzig Meilen Luftlinie. Rechne dazu die Westküste Schleswigs von sagen wir hundertzwanzig Meilen; insgesamt etwa zweihundert Meilen. Vergleiche das mit der Küste Frankreichs und Englands. Ist es nicht für jeden Vernünftigdenkenden klar, daß jeder Zollbreit davon wichtig ist? Und wie sieht diese Küste nun aus? An den Wellenlinien auf dieser kleinen Karte siehst du sofort, daß Untiefen und Sände neun Zehntel des Landes ganz versperren und ihr Bestes tun, auch noch das restliche Zehntel, wo die großen Flüsse münden, zu versperren. Nehmen wir uns mal Stück für Stück vor. Wenn wir im Westen beginnen, so reicht das erste Stück von Borkum bis Wangerooge – einige fünfzig Meilen. Wie sieht es aus? Eine Reihe sandiger Inseln, dahinter Watt; die Ems am westlichen Ende an der holländischen Grenze führt nach Emden – kein besonders wichtiger Ort. Sonst überhaupt keine Küstenstädte. Zweites Stück: so eine Art tiefeingeschnittene Bucht, die aus den drei großen Mündungen von Jade, Weser und Elbe besteht und nach Wilhelmshaven, Bremen und Hamburg führt; Gesamtbreite der Bucht nur einige zwanzig Meilen, darin überall Sandbänke verstreut. Drittes Stück: die Küste Schleswigs, hoffnungslos eingeschlossen von einem sechs bis acht Meilen breiten Wattstreifen. Keine großen Städte; nur ein bescheidener Fluß, die Eider. Legen wir also dieses dritte Stück einmal beiseite. Ich kann mich irren, aber als ich diese Angelegenheit durchdachte, habe ich mich hauptsächlich über die beiden anderen hergemacht, über die siebzig Meilen von Borkum bis zur Elbe – zur einen Hälfte Mündungsgebiete und zur andern Inseln.‹ […]

›Also diese Küste‹, fuhr Davies fort. ›Mir scheint, im Kriegsfall würde jeder Zollbreit davon wichtig sein, das Watt eingeschlossen. Nimm zunächst die großen Flußmündungen, die selbstverständlich vom Feind angegriffen oder versperrt werden können. Auf den ersten Blick würde man sagen nur ihre Hauptschiffahrtsstraßen seien von Bedeutung. Jetzt in Friedenszeiten gibt es kein Geheimnis über ihre Navigation. Sie sind betonnt und beleuchtet wie Straßen, der ganzen Welt geöffnet. Sie bewältigen einen riesigen Verkehr; es gibt auch gute Seekarten davon, da im Handel Millionen davon abhängen. Aber nun sieh dir die Sände an, die sie durchlaufen, unterteilt, wie ich dir gezeigt habe, durch ein Geäder von Prielen, tidenabhängig die meisten und vermutlich nur Schmacken und flachen Küstenfahrzeugen wie der Galeote von Bartels bekannt.

Mir fällt ein, daß in einem Krieg für Verteidigung und Angriff viel von ihnen abhängen könnte, denn bei rechter Tide führen sie viel Wasser, das reicht für Patrouillen- und kleine Torpedoboote; allerdings muß man sie gut kennen. Nun, sagen wir mal, *wir* befänden uns im Krieg mit Deutschland: beide Seiten könnten sie dann als Verbindung zwischen den drei Mündungsgebieten benutzen. Und um bei der Sache unseres Landes zu bleiben, so könnte ein kleines Torpedoboot (wohlgemerkt, kein Zerstörer) in dunkler Nacht auf direktem Weg von der Jade zur Elbe fahren und dort die Schiffahrt ruinieren. Aber das Schlimme ist – ich bezweifle, daß es in unserer Flotte auch nur eine Seele gibt, die diese Priele kennt. Wir haben keine Küstenfahrzeuge dort; und was Yachten angeht, so ist es höchst unwahrscheinlich, daß eine englische Yacht bei einem solchen Spiel mitmachen würde. Zufällig habe ich nun mal eine Vorliebe für so etwas und würde diese Priele auf gewöhnlichem Wege erkundet haben.‹ Ich begann zu erkennen, worauf er hinauswollte.

2) Eine Fahrt im Nebel

›Warte mal‹, sagte Davies. ›Gib mir zwei Minuten.‹ Er schnappte sich die deutsche Seekarte. ›Wohin genau wollen wir?‹ (›Genau!‹ Dieses Wort gefiel mir sehr.)

›Selbstverständlich zur Niederlassung. Sie ist unsere einzige Chance.‹

›Dann hör zu. Es gibt zwei Routen: die äußere über die offene See um Juist herum und dann nach Süden – die einfachste, jedoch die längste. Die Niederlassung ist an der Südspitze, und Memmert ist fast zwei Meilen lang.‹

›Wie weit wäre das?‹

›Gut sechzehn Meilen. Und wir müßten die längste Strecke des Weges in der Brandung nahe an Land rudern.‹

›Kommt nicht in Frage; dort ist es auch zu belebt, wenn es aufklart. Der Dampfer hat diese Route genommen und wird auf ihr zurückkommen. Wir müssen innen herum übers Watt fahren. Aber träume ich? Könntest du überhaupt den Weg finden?‹

[…]

Ich saß auf der Ducht am Bug, er mir gegenüber auf der Heckbank, die linke Hand hinter sich an der Ruderpinne, den rechten Zeigefinger auf einem quadratischen Papier, dem Ausschnitt einer Seekarte, das auf seinen Knien lag. Auf der Ducht mittschiffs zwischen uns lagen Kompaß und Uhr. Zwischen diesen drei Gegenständen – Kompaß, Uhr und Karte – schoß sein Blick andauernd hin und her. Fast nie schaute er auf oder hinaus; nur gelegentlich warf er seitwärts ein scharfes Auge auf die flüchtigen Blasen, um zu sehen, ob ich eine gleichbleibende Geschwindigkeit beibehielt. Meine Pflicht war, sein Automat zu sein, das menschliche Äquivalent zu einer Schiffsmaschine, deren Umdrehungen gezählt und vom Navigator als Daten benutzt werden können. Meine Arme mußten gleichmäßig wie zwei Kolben arbeiten, die Energie, die sie antrieb, so kontrolliert wie Dampf sein. Dieses Ideal war schwer zu erreichen, denn der komplexe Sterbliche neigt dazu, sich auf alle seine Sinne zu verlassen, die Gott ihm gegeben hat, was ihn für mechanische Genauigkeit ungeeignet macht, wenn ein Sinnesorgan (in meinem Fall das Augenlicht) ausfällt.

3) Land- und Seekarten

Auf dem Emdener Bahnhof kaufte ich am Bücherkiosk ein Taschenmeßtischblatt von Ostfriesland, das einen größeren Maßstab als alle von mir bisher benutzten Karten hatte. […] Da gab es diese Nordstraße von Esens nach Bensersiel, die durch Punkte und Schachfelder führte, wobei, so der Hinweis, erstere Sumpf und letztere Felder bedeuteten. Etwas anderes fiel mir ebenfalls gleich ins Auge, und zwar ein Flüßchen nach Bensersiel. Ich erkannte es sofort als den schlammigen Fluß oder Abfluß, den wir am Hafen gesehen hatten; er strömte durch eine Schleuse beziehungsweise ein Siel, von dem Bensersiel seinen Namen hatte. Aber er fesselte jetzt meine Aufmerksamkeit, denn er sah größer aus, als ich erwartet hatte. Seekarten neigen dazu, die Geographie des Festlandes zu vernachlässigen, mit Ausnahme jener Punkte, die dem Seefahrer Orientierungsmarken bieten. Auf der Seekarte wurde dieser Fluß als ein kleiner grober Korkenzieher, wie der Schwanz eines Ferkels, dargestellt. Auf dem Meßtischblatt war er als dunkelblaue Linie mit der Bezeichnung ›Benser Tief‹ und einem bestimmten Lauf markiert; Windungen wurden zu Ecken, an einigen Stellen war er anscheinend künstlich begradigt worden. [...] Ich [...] verfolgte begierig den Lauf des ›Tiefs‹ nach Süden. Es bewegte sich von der Straße nach Esens fort und passierte die Stadt etwa eine Meile westlich unter einer Eisenbahnüberführung. Bald danach lief es in einem eckigen Kurs nach Osten und stieß auf eine andere blaue Linie mit südöstlicher Richtung und der Beschriftung ›Esens-Wittmund-Kanal‹. Dieser Kanal endete jedoch auf halbem Wege nach Wittmund, einer benachbarten Stadt.

Erskine Childers: *Das Rätsel der Sandbank. Ein Bericht des Geheimdienstes*, aus dem Englischen von Hubert Deymann, mit vier Karten, Zürich 1975.

DIE KAKTUSHECKE

Walter Benjamin

Walter Benjamin erzählt in seiner auf Ibiza entstandenen Geschichte
»Die Kaktushecke« von einem »Sonderling«, der als Farmer in Ost-
afrika gescheitert ist und nun, auf der Insel gestrandet, »Negermasken«
fälscht, die Terrarien europäischer Amateur-Naturkundler mit Vogel-
bälgen, konservierten Käfern, Geckos, Schmetterlingen und Eidechsen
beliefert – und Seekarten zeichnet. Benjamin portraitiert damit auch
einen jener zahlreichen Laien-Meereskundler, die – immer wieder auch
im Kontext des europäischen Kolonialismus – eine sich zur wissenschaft-
lichen Disziplin entwickelnde Ozeanographie mit Daten versorgen. Im
Gegenzug können sie sich als Teil eines der größten wissenschaftlichen
Projekte des 19. Jahrhunderts sehen: der Enträtselung des Weltmeers.

O'Brien saß auf seiner Finca hoch über der Bucht, hatte er aber Arbeit
vor, so führte ihn sein Weg immer wieder ans Meer. Da befaßte er sich
mit Fischerei, ließ die aus canas geflochtenen Reusen hundert Meter
und tiefer hinab, wo die Langusten auf dem felsigen Meeresboden spa-
zieren, oder fuhr an stillen Nachmittagen hinaus, um Netze zu legen,
die in zwölf Stunden wieder eingeholt sein wollten. [...]
    »Den Abend hatte ich vor meinen Seekarten zugebracht. Sie müssen
wissen, es ist mein Steckenpferd, die Karten des britischen Marineamts
zu verbessern, und zugleich ein billig erworbener Ruhm, denn wo ich
eine neue Stelle mit meinen Reusen besetze, nehme ich Lotungen vor. Also ich hatte einige Hügelchen auf dem Meeresgrunde umschrieben und
drüber nachgedacht, wie hübsch es wäre, wenn man mich dort in der
Tiefe verewigte, indem man ihrer einem meinen Namen gäbe.«

Walter Benjamin: *Die Kaktushecke,* in: Vossische Zeitung, Beilage: Das Unterhaltungs-
blatt, Bd. 8 1933, 1–2.

Blau steht dir nicht. Ein Matrosenroman

Judith Schalansky

Eine Fingerreise auf der Weltkarte des Atlas führt die siebenjährige Jenny über die Weltmeere von »Unserland« bis zu den Galapagos- inseln. Wie ihre Autorin Judith Schalansky ist Jenny ein »Atlas-Kind«, und ihr Atlas ist der »Atlas für Jedermann«, der am meisten verbreitete Atlas der DDR, der tatsächlich auf seiner Weltkarte »Unserland« vom grauen »Drüben« durch den Falz so nachdrücklich scheidet wie durch Mauern und Todesstreifen (S. 154/155). Das Meer aber darf blau sein, und es eröffnet dem Finger den Weg zu unerreichbaren Inseln.

Jenny holte den Atlas, der im Regalfach über dem Fernsehgerät lag, und schlug die Weltkarte auf, während die Forscher im Fernsehen sich an brütende Vögel heranrobbten.

Der Großvater blinzelte und schaute herüber. Er half ihr, die In- seln zu finden. Es waren drei Krümel im hellblauen Ozean [...].

»Da will ich hin.« Jenny schaute den Großvater an.

»Später vielleicht«, murmelte er und faltete die Wolldecken zusam- men, bis die Fransen ordentlich übereinanderlagen.

»Sch-sch-sch«, machte Jenny und schob ihren Zeigefinger durch den Atlantik bis zur südamerikanischen Spitze, bog vor dem südlichen Polarkreis ab und nahm bei Feuerland neuen Kurs Richtung Norden.

»Nimm den Panamakanal«, sagte der Großvater und tippte auf einen Strich zwischen Nord- und Südamerika.

Jenny betrachtete die verschiedenen Farben auf der Karte. Die So- wjetunion war von einem fröhlichen, fleischigen Rosa. Die USA hatten ein zurückhaltendes Blau, das fast so hell war wie die Atlasfarbe des Meeres.

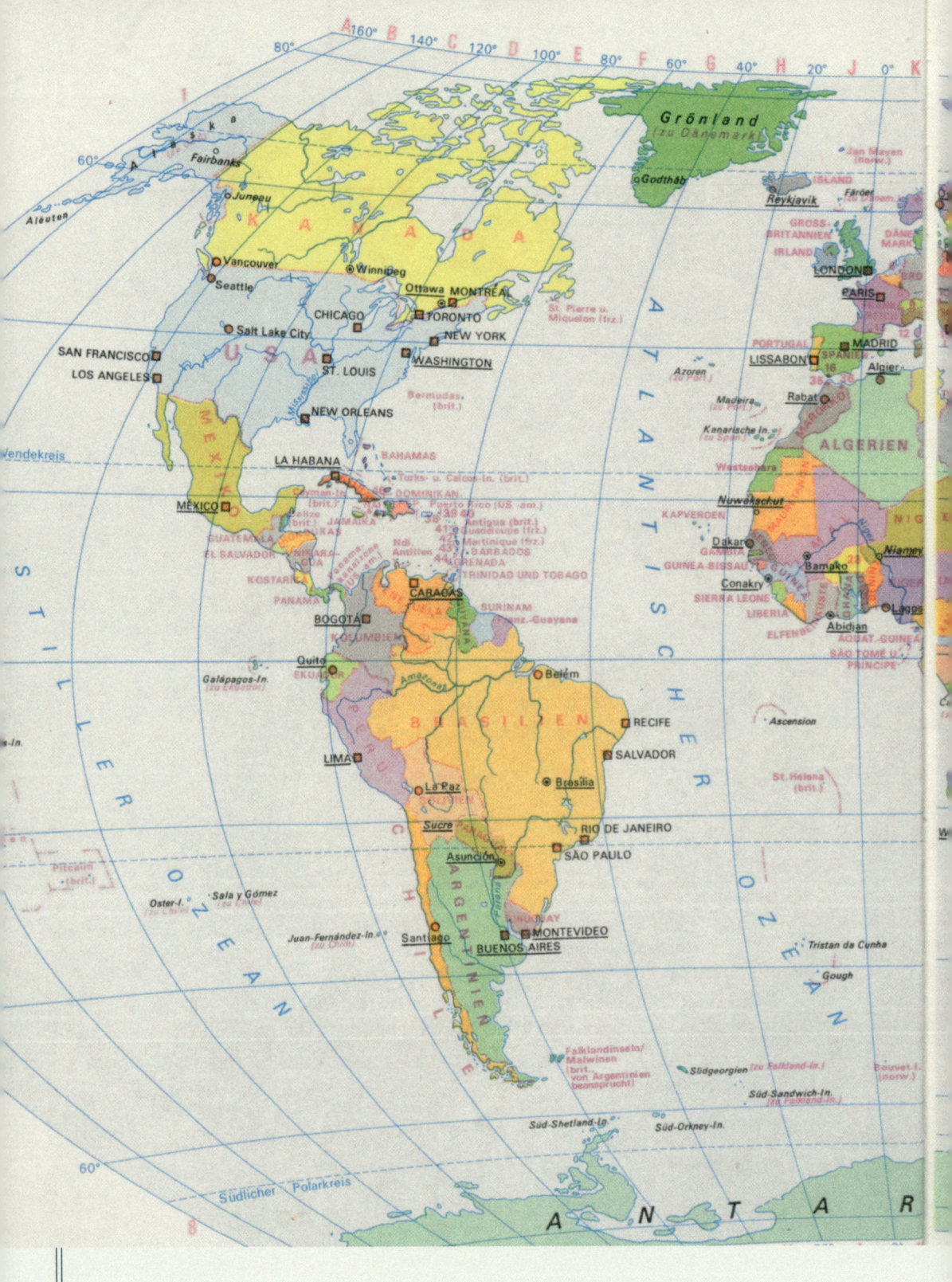

Der Atlas für jedermann fand sich in nahezu jedem Haushalt in der DDR: »Hier verlief zwischen den zwei deutschen Ländern keine Mauer, kein Eiserner Vorhang, sondern der zu beiden Seiten weiß blitzende, unüberwindbare Falz«, so beschreibt ihn Judith Schalansky in ihrem *Atlas der abgelegenen Inseln*.

Jenny suchte Unserland. Wieder musste ihr der Großvater helfen. Unserland war klein, kleiner noch als ihr kleiner Fingernagel, und rosa wie die Baltische Plattmuschel. [...]

Neben dem rosafarbenen Land befand sich ein etwas größeres Graues.

»Das ist Drüben«, sagte der Großvater, bevor er aus dem Zimmer ging. Jenny nickte verwundert. Drüben lag bereits auf der anderen Buchseite des Atlas. Der Bund verlief genau entlang der Grenze zwischen den beiden Ländern und verschluckte einen Teil von Drüben.

Es war ihr ein Rätsel, warum Drüben grau war.

Judith Schalansky: *Blau steht dir nicht. Ein Matrosenroman*, Hamburg 2008.

Anhang

ABBILDUNGSVERZEICHNIS

S. 4: Henry Holiday, The Bellman's Map, in: Lewis Carroll: The Hunting of the Snark, London 1876, Macmillan and Co., S. 17.

S. 25: Edward Belcher, Method of Shewing the Track of Ground Searched by H.M.S. Sulphur, London 1843, 23,5 × 49 cm, Sammlung Perthes Gotha, 547$112301088.

S. 26/27: Matthew Fontaine Maury et al., Whale Chart, Washington, D.C. 1851, 64 × 122 cm, Norman B. Leventhal Map Center Collection, Boston Public Library, G9096.D4 1851 .M3.

S. 30/31: August Petermann, Aufnahme des untern Congo und seiner Delta-Verzweigungen, Gotha 1877, 24 × 42 cm, 1:150.000, Mittheilungen aus Justus Perthes' Geographischer Anstalt über wichtige neue Erforschungen auf dem Gesammtgebiete der Geographie, Bd. 23 1877, Tafel 16, Sammlung Perthes Gotha, SPA 4° 00100 (023).

S. 33: Leonard Kristensen, Map of Antarctic's Track to Victoria Land, o. O. 1895, 69 × 51 cm, Sammlung Perthes Gotha, 547$111787327.

S. 34/35: Edward A. Turpin, A Pictorial History of Seafaring and Meteorological Chart of the Sea, o. O. 1935, 56 × 80 cm, David Rumsey Historical Map Collection, 11682.000.

S. 36: Dr. Theodor Stocks, Tiefenkarte des Hawaii-Sockels, Hamburg 1948, 34 × 62,5 cm, 1:5.000.000, Sammlung Perthes Gotha, 547$112322107.

S. 39: Die Vernichtung der ›Pathfinder‹ durch U 21 (5.IX.1914), Berlin 1922, 22,5 × 40 cm, Deutsches Schifffahrtsmuseum, Kartensammlung, I 2 VII 65.

S. 50: L. Pelman, HM Submarine Umbra Home from the Mediterranean, 1943, Glasnegativ, © Imperial War Museums, Admiralty Office Collection, A 14967.

S. 59: Gerry Chiniquy et al., The Ant and the Aardvark – Isle of Caprice, Burbank 1969, Screenshot.

S. 61: Hans Peter Kosack, Karte der Antarktis mit internationaler Namensgebung in stereographischer Projektion, o. O. 1956, 1:7.500.000, Sammlung Perthes Gotha, 547$113752695.

S. 62: United States Hydrographic Office, South Pacific Ocean. Index Chart of Unsounded Areas, Washington, D.C. 1935, 66,5 × 97 cm, Sammlung Perthes Gotha, 547$112325343.

S. 64: Von Hamburg über Cuxhaven und Helgoland nach Sylt, Hamburg ca. 1930, 73 × 50 cm, Deutsches Schifffahrtsmuseum, Plakatsammlung, II 4 IX 109.

S. 65: 1000 Years of North Atlantic Shipping, Bremen ca. 1930, 1.275 × 2.025 cm, Deutsches Schifffahrtsmuseum, I/05447/91.

S. 66: Bernhard Freiherr von Wüllerstorf-Urbair, Curs des Schiffes „Tegetthoff", 1872–1873, vom 24. August 1872 in einer Eisscholle eingefroren und mit dieser treibend, Wien 1874, 43 × 40 cm, Sammlung Perthes Gotha, 547$111819490.

S. 68/69: Weltkarte [mit händisch eingezeichneter Route], Gotha 1894, Justus Perthes' See-Atlas, 1894.

S. 72: 2K Games, BioShock, Novato 2007, Screenshot.

S. 89: Johan Mensing, Carte der Weser und Jade, Bremen 1791, 64 × 99 cm, Deutsches Schifffahrtsmuseum, I 2 VI 74.

S. 90: Blanko-Karte mit Schiffszeichnungen und Routeneintragungen I, o.O. o.J., 55 × 46 cm, Sammlung Perthes Gotha, 547$111816173.

S. 92/93: Hermann Berghaus, Chart of the World on Mercators Projection, Gotha 1871, 88 × 145 cm, Sammlung Perthes Gotha, KART SPA C 00225.

S. 95: Dr. Karl von Scherzer, Teifun, bestanden am 18. u. 19. August 1858 von Sr. M. Fregatte Novara im chinesischen Meere, Wien 1864-1866, 11,6 × 18,1 cm, Sammlung Perthes Gotha, 547$112301110X.

S. 96: Matthew Fontaine Maury, Maury's Wind and Current Chart, North Pacific No. 10 Series A, Washington, D.C. 1852, 90 × 60 cm, Sammlung Perthes Gotha, 547$11232343X.

S. 97: Ferdinand von Hochstetter, Die durch das Erdbeben in Peru am 13. Aug. 1868 erzeugte Erdbeben-Fluth im Pazifischen Ocean am 13.-16. Aug. 1868, o.O. ca. 1869, 25 × 30 cm, Sammlung Perthes Gotha, 547$112301118.

S. 99: Ole Theodor Olson, Herring (Clupia Harengus), Grimsby/Olsen 1883, 46 × 36 cm, 1:5.000.000, Ole Theodor Olsen: The Piscatorial Atlas of the North Sea, English and St. George's Channels, London, Taylor and Francis, S. 5, Forschungsbibliothek Gotha, Sondermagazin Perthesforum, SPN lg2° 00015.

S. 100: Oskar Hecker, Die Tonga-Tiefe und ihre Umgebung, Berlin 1908, 29 × 21 cm, Sammlung Perthes Gotha, 547$112325955.

S. 102/103: Paul Langhans/Valentin Geyer/Paul Ihle, Spezialkarte der Samoa-Inseln, Gotha 1900, 85 × 65 cm, Sammlung Perthes Gotha, 547$113514239.

S. 104/105: Grenzen der Ozeane und Meere, Berlin ca. 1939, 48 × 86 cm, 1:50.000.000, Sammlung Perthes Gotha, 547$112116108.

S. 106: William Speirs Bruce, Area of Unknown Antarctic Regions Compared With Australia, Unknown Arctic Regions, and British Isles, Edinburgh 1906, 25 × 16 cm, 1:63.000.000, Sammlung Perthes Gotha, 547$111791464.

S. 127: Chemin parcouru par 3 bouteilles trouvèes sur la côte Est (Pointe du Vauclin) de la Martinique en 1893 (Weg durchlaufen von drei Flaschen, gefunden an der Ost-Küste (Pointe du Vauclin) von Martinique 1893), 1893, Bundesamt für Seeschifffahrt und Hydrographie.

S. 129: Flaschenpost-Formulare (BSH) 1, Hamburg 1893, Bundesamt für Seeschifffahrt und Hydrographie.

S. 129: Flaschenpost-Formulare (BSH) 2, Hamburg 1893, Bundesamt für Seeschifffahrt und Hydrographie.

S. 130/131: August Petermann, Der Grosse Ocean, Gotha 1857, 32 × 40 cm, in: Mittheilungen aus Justus Perthes' Geographischer Anstalt über wichtige neue Erforschungen auf dem Gesammtgebiete der Geographie 3 (1857), Tafel 1, Sammlung Perthes Gotha, SPA 4° 000100.

S. 134/135: Elbe, Weser and Jade Rivers. Compiled from the Imperial German Government Charts, 1889, Deutsches Schifffahrtsmuseum, Kartensammlung, I 1 I 5.

S. 154/155: Erde. Politisch-territoriale Gliederung, Gotha 1977, Atlas für jedermann, Hg. v. Rudolf Habel, Gotha: Haack, 1977, S. 4–5.

S. 164: Süd-Polar-Meer, Gotha 1907, Justus Perthes' See-Atlas, 1907.

Besitzerin der folgenden Bildvorlagen ist die Forschungsbibliothek Gotha der Universität Erfurt: S. 25, 30/31, 33, 36, 61, 62, 66, 68/69, 90, 92/93, 95, 96, 97, 99, 100, 102/103, 104/105, 106, 130/131, 154/155, 164

TEXTNACHWEISE

Buchheim, Lothar-Günther: Das Boot, Erstveröffentlichung 1973, © Buchheim Stiftung, Bernried.

Carroll, Lewis: Sylvie & Bruno. Die Geschichte einer Liebe, in: Das literarische Gesamtwerk, Übersetzung von Dieter Stündel, © 1988 Dieter Stündel, Frankfurt am Main.

Carroll, Lewis: The Hunting of the Snark. An Agony in Eight Fits/Die Jagd nach dem Schnatz. Eine Agonie in acht Krämpfen, Übersetzung von Oliver Sturm, © 1996 Philipp Reclam jun. Verlag GmbH, Stuttgart.

Childers, Erskine: Das Rätsel der Sandbank. Ein Bericht des Geheimdienstes, aus dem Englischen von Hubert Deymann, Copyright der deutschsprachigen Übersetzung © 1975 Diogenes Verlag AG Zürich.

Conrad, Joseph: Lord Jim. Eine Erzählung, in der Übersetzung von Manfred Allié, © 2014, S. Fischer Verlag GmbH, Frankfurt am Main.

Häusser, Alexander: Karnstedt verschwindet, © Alexander Häusser.

Hoppe, Felicitas: Pigafetta, © 2006, S. Fischer Verlag GmbH, Frankfurt am Main.

Melville, Herman: Moby Dick oder Der Wal, Übersetzung von Matthias Jendis, München, 2001, © Carl Hanser Verlag GmbH & Co. KG, München.

Ransmayr, Christoph: Die Schrecken des Eises und der Finsternis, © 2008, S. Fischer Verlag GmbH, Frankfurt am Main.

Schalansky, Judith: Blau steht dir nicht. Ein Matrosenroman, © 2008 by mareverlag, Hamburg.

Schalansky, Judith: Das Paradies ist eine Insel. Die Hölle auch, in: dies.: Atlas der abgelegenen Inseln. Fünfzig Inseln, auf denen ich nie war und niemals sein werde, © 2009 by mareverlag, Hamburg.

Stefánsson, Jón Kalman: Verschiedenes über Riesenkiefern und die Zeit, Übersetzung von Karl-Ludwig Wetzig (Originaltitel: Ýmislegt um risafurur og tímann, 2001), © 2006 für die deutsche Übersetzung Philipp Reclam jun. Verlag GmbH, Stuttgart.

Stevenson, Robert Louis: Eine Fussnote zur Geschichte. Acht Jahre Unruhen auf Samoa, Übersetzung von Wolfgang Schlüter, © 2001 Wolfgang Schlüter, Hamburg.

Walcott, Derek: The Schooner »Flight«, in: Derek Walcott, Poems 1965–1980, © 1993 Farrar, Straus and Giroux, London.

corso 77

Wolfgang Struck, Iris Schröder,
Felix Schürmann, Elena Stirtz
Karten-Meere:
Eine Welterzeugung

1. Auflage im Juli 2020
© corso in der Verlagshaus Römerweg GmbH
Römerweg 10, D-65187 Wiesbaden

Covergestaltung & Layout: Karina Bertagnolli, Wiesbaden
Bearbeitung & Satz: Anja Carrà, Weimar
Lektorat: Timo Suchomelli, Wiesbaden
Gesetzt aus der Frutiger LT Pro
Gesamtherstellung: CPI books, Ulm
Printed in Germany. Alle Rechte vorbehalten.
978-3-7374-0763-2

Mehr über Ideen, Autoren und Programm des Verlags finden Sie auf
www.verlagshausroemerweg.de und in Ihrer Buchhandlung.